职业教育本科土建类专业融媒体系列教材

Revit MEP设备建模教程

王华康 主 编

中国建筑工业出版社

图书在版编目 (CIP) 数据

Revit MEP 设备建模教程/王华康主编. —北京：
中国建筑工业出版社，2021.7（2025.1 重印）
职业教育本科土建类专业融媒体系列教材
ISBN 978-7-112-22184-4

Ⅰ.①R…　Ⅱ.①王…　Ⅲ.①建筑设计-计算机辅助
设计-应用软件-高等职业教育-教材　Ⅳ.①TU201.4

中国版本图书馆 CIP 数据核字（2018）第 092776 号

本教材共分 10 个教学单元，包括绪论、链接模型、MEP 管网的绘制、机电族、碰撞检查、相机与漫游、材料统计与出图等。本教材适用于初学者，利用案例形式，运用相关的专业标准规范条文绘制出 MEP 模型图形，配有相关的视频操作讲解，突出实践，达到 MEP 建模入门的目的，充分体现职业教育应用性强的特点。

本教材适用于职业院校"1+X"建筑信息模型（BIM）职业技能等级证书考试人员、BIM 技术员，以及各类 BIM 技能等级考试和培训人员的机电建模入门学习。

为了便于教学，作者自制免费课件资源，索取方式为：QQ 服务群 622178184。

责任编辑：司　汉　李　阳　李天虹
责任校对：党　蕾

职业教育本科土建类专业融媒体系列教材
Revit MEP 设备建模教程
王华康　主编

*

中国建筑工业出版社出版、发行（北京海淀三里河路 9 号）
各地新华书店、建筑书店经销
霸州市顺浩图文科技发展有限公司制版
建工社（河北）印刷有限公司印刷

*

开本：787 毫米×1092 毫米　1/16　印张：10¾　字数：265 千字
2021 年 9 月第一版　2025 年 1 月第四次印刷
定价：**32.00** 元（赠教师课件）
ISBN 978-7-112-22184-4
（32075）

前言

目前，市场上有许多 Revit MEP 建模类的用书，对于新手或尚未入门的用户来说，相比于熟悉操作命令，更需要掌握对具体命令灵活的运用，这种运用建立在大量具体图形的绘制与反复思考、比较之上。如果说图形的内容是经验的积累，那么思考解决的方法就是知识的积淀。在此，编者主张读者应在已提供的操作过程之上，反复揣摩图形的绘制切入点及思考套路，在实际思索与动手操作中，重基础、勤思索、勇闯冲、多练习，在经过一定时间的沉淀之后，定会化蛹为蝶、有所收获！

本教材利用一幢学校行政楼为载体，以对其 MEP 工程图形的绘制过程为主线，由浅入深、循序渐进地讲授如何运用 Revit MEP 建模相关命令，在图形的列举上，力求融会贯通 MEP 的基本命令，锻炼并拓展学生的思路技巧。主要内容包括：绪论、链接模型、MEP 管网的绘制、机电族、碰撞检查、相机与漫游、材料统计与出图等。

本教材在编写时，侧重 Revit MEP 建模绘制方法与绘制技巧的讲述，没有讲述 Revit 的其他建模；内容编排上，注意到教学与自学的实际需要，在书中命令运用的操作过程也是由详细到思路框架渐变转换，以期达到对所学命令的巩固与灵活运用的目的。

本教材的编写人员由来自全国多所院校、从事教学一线的教师及企业人员组成，教材由江苏城乡建设职业学院的王华康主编并统稿，广东建设职业技术学院的王咸锋、广州番禺职业技术学院的黄晓佳任副主编，福州职业技术学院的彭建林、辽宁城市建设职业技术学院的李丽、广州番禺职业技术学院的黄日财任参编并制作部分数字资源，中国医科大学附属第一医院阎国鹏参编并提供了相关的案例资料。

本教材是一本"互联网＋"数字化创新教材，编者根据相关的重难点和知识点，为教材配置了微课操作视频，学生可以通过手机扫描文中的二维码，自主反复学习。本教材还提供了与正文内容配套的相关族文件和模型文件等，更加方便老师教学和学生学习。

本教材的图形尺寸采用的是公制，所有未标注的尺寸数据，总图和标高的单位是米，其余均为毫米。选项卡的上下级关联采用"→"分隔。

本教材的编著过程中，参阅了大量的标准规范及相关资料，得到了同行们的有力支持，在此深表感谢！但由于时间和编者水平有限，书中错误及疏漏之处在所难免，希望广大读者不吝批评，并对教材提出宝贵意见和建议。若您对建模内容感兴趣或是对教材涉及的图形操作有疑问，可加入"1＋X"交流 QQ 群 786735312 来讨论、学习。

目录

教学单元 10

教学单元 1　Revit MEP 绪论

BIM（Building Information Modeling）是建筑信息模型，是以三维数字技术为基础，集成了工程项目各种相关信息的数据模型。BIM 是一种技术，也是一种方法，更是一种过程性的技术应用，它把建筑业的业务流程和表达建筑物本身的信息集成为一个整体，从而更好地提高了行业的应用效率。

在建筑业中，针对不同的过程及需求，可使用不同的 BIM 软件来实现目的。

BIM 技术经过多年的发展，使用日趋成熟，国内建筑业许多团队纷纷成立了 BIM 应用小组，用于建筑中的三维设计与施工管理，并在 Revit 提供的 API 接口之上，根据各自的特点，逐步进行了一些二次开发，来满足自身的应用需求。

Revit MEP 是 Revit 软件之中的部分功能（设备类功能）软件，用于创建面向建筑设备系统工程的建筑信息模型，其用于建筑设备中的水暖电建模的优势有：

（1）系统整体性与绘制智能性的设计理念。从系统整体的角度来处理模型信息，并按照常规的设计思路，提供了绘制时的智能识别方法，将水暖电与建筑关联，为工程师绘制时提供了相关的性能参考与决策分析，同时进行深化设计。

（2）协作设计理念。二维图纸不能全面反映各专业间的碰撞，在二维设计中离散性行为的不可预见性可能会造成管件间碰撞。在 BIM 软件中的可视化及碰撞功能，在 Revit MEP、Revit 结构、Revit 建筑之间相互协作，可大大减少二维 CAD 之下的多次协调工作。

1-1

Revit MEP在
建筑中的应用

（3）借助于参数化变更管理，实现变更信息协调一致。Revit MEP 项目中的任何一处信息的修改，会在项目与文档集中自动更新所有的相关内容。

（4）改善沟通，提升业绩。通过呈现的立体关系展示，便于从业人员间相互沟通理解。

1.1　Revit MEP 软件

一、界面

1. 仿 Office 界面

Revit 的工作界面与 Office 的工作界面类似（图 1-1），都是采用命令选项卡的面板方式，根据操作的内容及方式等，对命令进行分组，放到不同的选项卡中，再依据其他分层分组规则，再次细化分组，放到不同的面板中。

具体内容包括：

（1）最左上角为 Revit 软件的图标，在此图标上点击鼠标左键，可出现"新建""打开""保存"等最基本的文件操作命令；

图 1-1

（2）最上面第一行为文件（或文档）最常用的相关图标，如"打开""保存""重做"等图标，可点击其右最上面图标的右侧下拉三角形，选择显示或隐藏第一行的常用图标；中间为当前正在编辑的文件名。

（3）常用图标下面为 Revit 命令选项卡行，它包含了对 Revit 软件中图形或文字等进行操作的全部命令，并按分层分组对全部命令进行了组织安排；命令选项卡最右侧有一个下拉三角形，可根据自己的需要调整选项卡的显示方式，也可在"循环浏览所有项"（图1-1 中最右上角的椭圆圈中的图标）选中的状态下，点击下拉三角形左侧的向下（或向上）三角形图标按钮，可点击观看循环选项卡的显示方式。

2. 科学合理的任务工作流

各选项卡中的命令按分层分组的形式划分，一些命令在执行时，如点击"系统"选项卡中的"风管"，会在选项卡右侧出现"修改 | 放置风管"选项卡，并在此选项卡中自动添加入与其相关的操作应用命令。

3. 多视图窗口样式

在正常打开 Revit 后，会出现三个窗口，分别为"属性"窗口、"视图编辑"窗口和"项目浏览器"窗口。

"属性"和"项目浏览器"这两个窗口可以调整到自己喜欢放置的位置，用鼠标放在窗口上面蓝色区域，按住鼠标左键不放，可拖动到某一边；还可以用鼠标调整其窗口的边界。

"视图编辑"窗口可最大化、最小化和还原。

在 Revit 中，还可以通过点击"视图"选项卡→"用户界面"右侧的下拉三角形按钮，在出现的选项中通过多选框的是否选中状态切换，来显示或隐藏一些窗口。

4. 命令行隐藏格式

与 AutoCAD 不同的是，在 Revit 中看不到命令行窗口，但通过整个软件在当前选中运行状态模式下接受命令。如执行"参照平面"命令时，输入"RP"，不要按回车键时，就已在参照平面命令的运行状态了。

5. 界面选项卡中的面板可拖出与移动

当鼠标点在"系统"选项卡中的"机械"面板的"机械"文字位置且按住不放时，可将其移出"系统"选项卡，如图1-2 所示。同样，可将它拖动放回原处，或点击移动出来的"机械"面板的右上角放回原处，也可拖到其他选项卡中。

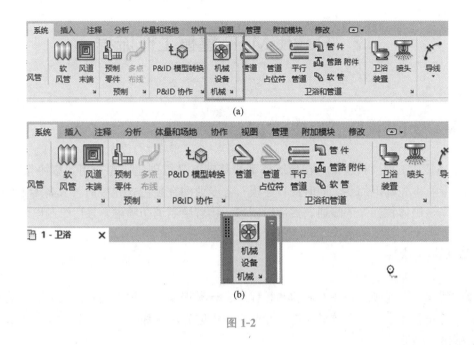

图 1-2

二、Revit 对象组成体系

Revit 中，每个项目都由如图 1-3 所示的三个基本类组成，实际绘制图形时，会根据具体的内容，在三个基本类之上，生成多个不同的实例放置到项目之中。但我们也要理解，有些类的实例可能在某个项目中不出现。

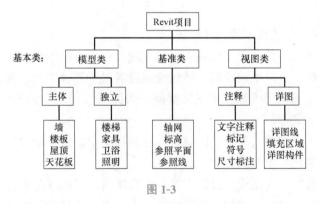

图 1-3

对于图 1-2 中最下分支的具体内容（子类或族），会通过模板或自定义的形式，来创建某大类中的子类，即 Revit 中的"族"。这些创建或制作的方法，会在后面相关章节中详细讲述。

族可以嵌套，也可以在 Revit 项目状态下，将族加载后，拖入到具体项目文件中形成实例。

对于水电机建模而言，我们使用的主要是模型类中的独立类。

1.2 Revit MEP 建模工作流程

一、实际工程工作流程

Revit MEP 工程项目通常是在建筑模型的基础上进行创建，在运用共享协作形式时，可以按各专业事先确定的要求同时进行建模；各专业间在独占式建模时，其各专业间的工作则通常先绘制体积较大的暖通，然后绘制水，接着绘制消防喷淋，最后绘制电气桥架。

二、本书讲述次序

考虑到学生生活接触到各专业的熟悉程度、难易程度、知识点运用的关联性，在课程学习内容的先后次序上，本教材安排的专业知识内容先后次序是：水（先给水，后排水）、消防、喷淋、暖通、电气。

1.3 Revit 的基本操作命令

一、常用图形绘制命令

Revit 中的线主要分成模型线和详图线。

模型线是工作平面中的图元，存在于三维空间且在所有视图中都可见。这些模型线可以绘制成直线或曲线，可以单独绘制、链状绘制或者以矩形、圆形、椭圆形或其他多边形的形状进行绘制。由于模型线存在于三维空间，因此可以使用它们表示几何图形（例如，支撑防水布的绳索或缆索）。

与模型线不同，详图线仅存在于绘制时所在的视图中，仅当前视图可见。默认状态下绘制时，详图线为黑色，模型线为绿色。

可以将模型线转换为详图线，反之亦然，但转换后，线的颜色不会发生改变。

此部分考虑编书的色彩，使用的是详图线，建议实际绘制时使用模型线。本教材中仅讲述线的基本绘制方法，不对它们作详细的探讨。

1. 直线

（1）执行"注释"选项卡→"详图线"命令，出现"修改│放置详图线"选项卡，如图 1-4 所示，观察此选项卡中"绘制"选项中的图标，可知能绘制直线、矩形、正多边形、圆、圆弧、椭圆、样条曲线等。**自己独立分析每个按钮中的点，注意不同图形线命令的绘制方法。**

（2）使用直线命令，在绘图区中按下鼠标左键开始绘制直线，要停止时，按回车键或Esc键。

（3）练习绘制如图1-5所示中的直线，水平线长任意，斜线长400mm，与水平线夹角30°。

（4）修改刚才绘制的直线长度为200mm，角度为60°；

（5）再练习单独绘制一倾斜直线，长度400mm，角度30°；然后将其角度修改为60°；观察与有水平线时的直线的区别。

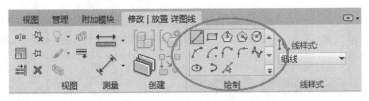

图1-4

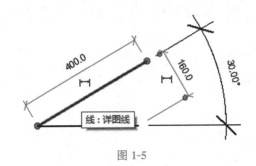

图1-5

其原因在于当两线段相互连接时，相互之间存在"图元连接关系"。

（6）练习用鼠标点取直线，会发现直线两个端点出现，此时用鼠标点取任一点后，按住鼠标左键不放，拖动鼠标到任意位置，观察直线的变化。

2. 矩形

（1）请读者先观看矩形图标的样式，然后再绘制如图1-6的矩形。

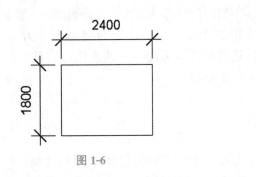

图1-6

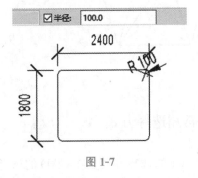

图1-7

（2）请读者绘制如图1-7所示的矩形，注意图1-7中半径的数值设置。

（3）请读者用鼠标选中刚才绘制的矩形中的任一直线段，在此线上出现移动光标后，按住鼠标左键不放，将其拖动到新的位置，观看此矩形的变化。

（4）同样，拖动矩形中的圆弧，观看变化。

3. 正多边形

（1）正多边形有两个图标，为内接和外接两种，鼠标分别放在两图标上，观看它们的区别。可发现：内接时，正多边形在圆的里面；外接时，正多边形在圆的外面。

（2）点击内接正多边形图标，在其下出现的参数状态栏处修改为"7"边形，绘制正七边形，内接圆的半径为 2000mm，操作过程如图 1-8 所示。

（3）同样方法，请尝试使用外接正多边形方法绘制正五边形，外拉圆的半径为 2000mm。

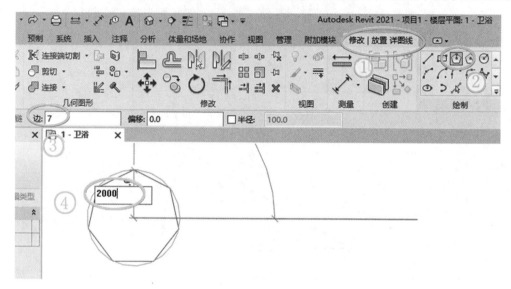

图 1-8

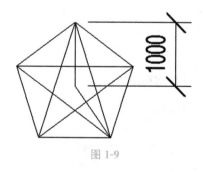

图 1-9

4. 圆、椭圆与椭圆弧、圆弧线、样条曲线

与前面的方法类似，请读者仔细观看图标后，尝试绘制圆、椭圆、椭圆弧、圆弧线、样条曲线。

5. 练习运用

运用前面所学习的方法，绘制如图 1-9 所示的正五边形中的五角星，正五边形内接圆半径为 1000mm，并尝试进行标注（五角星中两直线目的是为标注找到五边形的正中心）。

二、常用选择方式

Revit 的选择方式是在 CAD 的选择方式之上增加了构件过滤器性质的选择，构件过滤器的选择方式与 CAD 中图层的选择方式的出发点有点类同。

1. 点选

Revit 的选择方式中最常用的是点选，可在选择一个对象或构件后，按住 Ctrl 键再添加选择其他的对象或构件；如多选择了，可按住 Shift 键将多选中的对象或构件从已选中的内容中去除（按住 Ctrl 键不放再点选择是增选，按住 Shift 键不放再点选是减选）。

2. 框选

与 CAD 的框选方法相同，即"正向包含，反向交叉"的框选方式。

3. 构件过滤器命令

本教材会在后面运用时对此作讲述。

三、常用编辑修改命令

1. 删除命令

常用操作过程：

方法1：直接使用鼠标左键点击需要删除的直线，按 Delete 键即可删除。

方法2：直接使用鼠标左键点击需要删除的直线，出现"修改｜线"选项卡，在此选项卡中，点击"删除"图标按钮命令，即可删除。

如删除中出现误操作，按住键盘 Ctrl＋Z（按住 Ctrl 键不放，再按 Z 键），可撤销刚才的操作。

2. 移动命令与旋转命令

移动命令与旋转命令两者都有一个参照基点（旋转命令的基点转变为旋转中心点）和目标位置，且原来位置处的对象不复存在。

（1）移动命令

移动命令是将一个或一些对象从原来位置移动到一个新的位置，且原来位置处的对象不再存在。操作方法如图 1-10 所示。

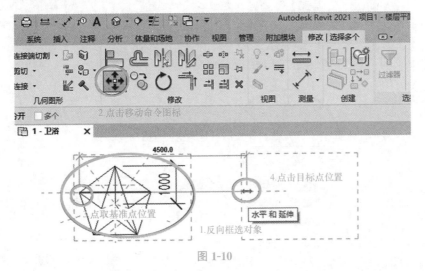

图 1-10

再次执行移动命令，修改命令状态栏中的"约束"和"分开"两个复选项，观看操作过程中有何不同。

（2）旋转命令

旋转命令是以某一圆心将对象旋转一个角度。旋转命令在执行时，默认状态下会自动选择对象组的中心位置，若此位置不是用户需要的位置时，用户可移动此中心位置到自己需要的地方。操作方法如图 1-11 所示。

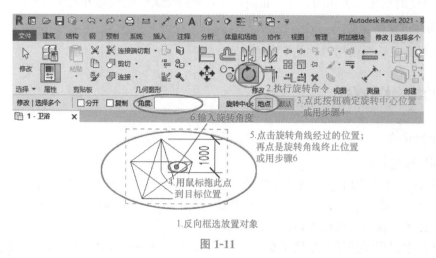

图 1-11

3. 复制命令

（1）选择要复制的对象内容后，点击"复制"图标按钮，在命令参数状态栏中，有"多个"参数，如选中，由可进行多个复制，否则每次只能复制一个。

（2）注意复制时的基准点的确定，基准点在复制过程中即为鼠标所点击的参数点，如图 1-12 所示。

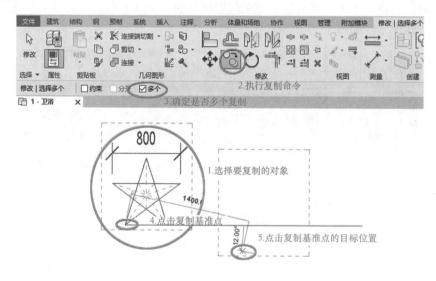

图 1-12

4. 偏移命令

产生偏移效果有两种方式，一个是在图形绘制时使用偏移量数值实现偏移，另一个是使用偏移命令实现。此处只是偏移命令的使用。操作方式如图1-13和图1-14所示。

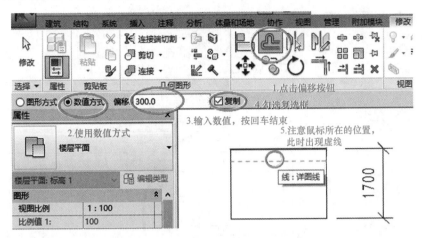

图 1-13

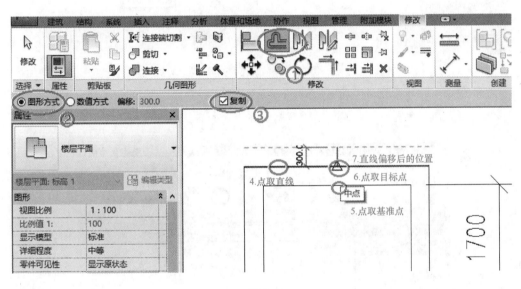

图 1-14

5. 镜像命令

镜像图标有两个，差别是镜像对象与目标对象之间是否使用了已存在的中间线（或称为镜像线，即镜像轴）。此处只介绍使用绘制轴方式，操作方式如图1-15所示。

6. 缩放命令

缩放命令中的比例关系为：1是原始大小，比1大则放大，比1小则缩小，但不得小于等于0。缩放命令也有图形方式和数值方式两种。

（1）数值方式：操作方法如图1-16所示。

（2）图形方式：操作方法如图1-17所示。

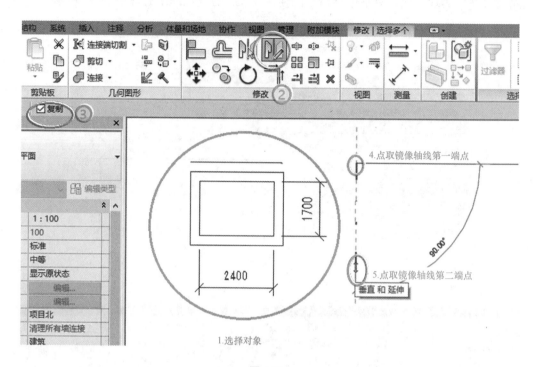

图 1-15

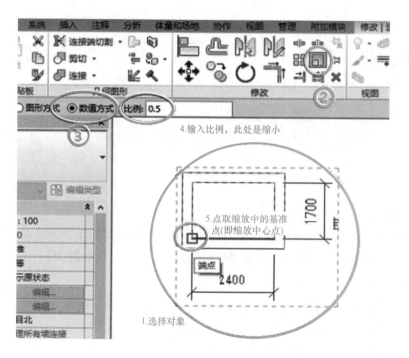

图 1-16

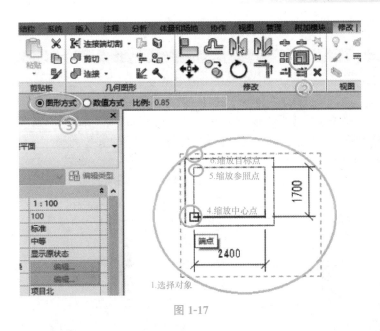

图 1-17

7. 阵列

Revit 中的阵列分为线形阵列和环形阵列，如要实现矩形阵列，还要在线形阵列后再使用一次线形阵列。

（1）线形阵列：操作过程如图 1-18 所示。

对图 1-18 执行的结果，可再次点击阵列后的数字，修改线形阵列的个数，如图 1-19 所示。

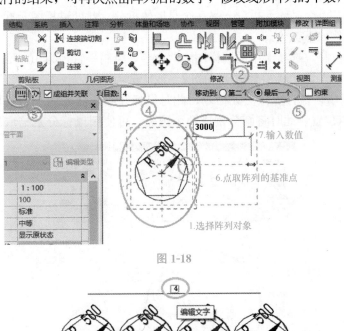

图 1-18

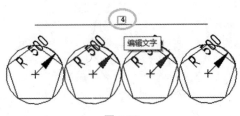

图 1-19

（2）环形阵列：操作过程如图 1-20 所示。

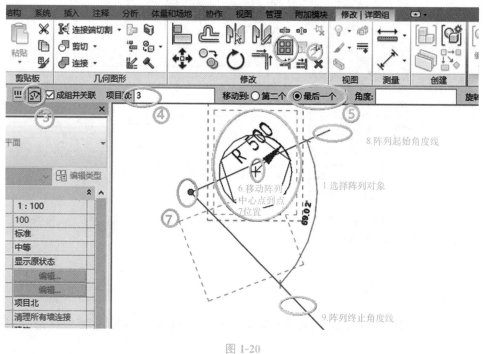

图 1-20

8. 打断（拆分）命令

拆分有两个，一个是图元拆分，另一个是墙体拆分。此处讲授图元拆分。

操作过程举例如下：

（1）使用"注释"选项卡中的"详图线"命令，绘制一直径为 100mm 的圆。

（2）使用鼠标点选此圆，会出现"修改 | 线"选项卡。

如图 1-21 所示，执行拆分图元命令，此时鼠标在绘图区变为小刀的形状，分别点取圆形的 1、2 两点位置，此时将圆分割成两个圆弧，可使用鼠标分别拾取删除，或使用夹

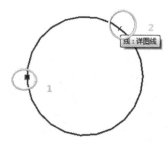

图 1-21

持点拖动改变圆弧。

9. 修剪命令/延伸（单个延伸/多个延伸）命令

这三个命令是同一组命令，它们的操作性质是：两线或多线间，如相交，则保留鼠标点击到的相交部分线段，修剪未点击到的部位；如不相交，则延长至点击到的线段作为延长边界。操作举例如图1-22和图1-23所示。

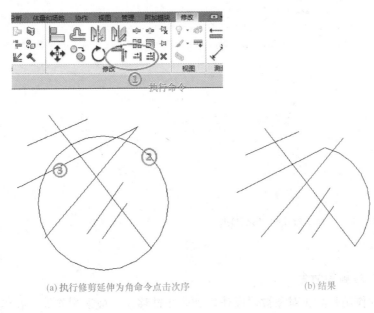

(a) 执行修剪延伸为角命令点击次序　　　　　　　(b) 结果

图 1-22

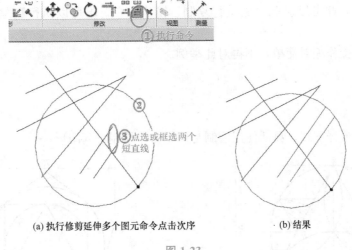

(a) 执行修剪延伸多个图元命令点击次序　　　　　(b) 结果

图 1-23

10. 对齐命令

对齐命令是将两个物体按某个边界对齐。对立体性，是按边界或某一直线的垂直平面对齐；对单条直线，则是在当前的平面状态下的线对齐。平面中两直线对齐时，注意是当前线段点的位置向目标直线段处延伸。对齐命令对曲线性质的对象不起作用。

对齐命令操作举例如图 1-24 所示，执行对齐命令后，先点取直线，后点取点 1、2 间的线段；再执行对齐命令，先点取直线，后点取点 3、4 间线段。

对齐命令在 MEP 操作中使用较为灵活且频繁，请读者熟练掌握。

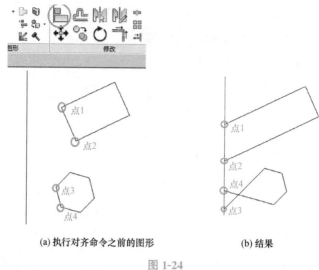

  (a) 执行对齐命令之前的图形   (b) 结果

图 1-24

11. 锁定命令/解锁命令

锁定命令的作用是防止对象被误操作，如防止被移动、被误删除等，在点击任一对象后，执行锁定命令。

如需要对某一锁定对象进行修改操作，则先执行解锁命令。

锁定对象后，此可以对此对象执行复制、镜像命令，不可以执行删除、移动、旋转命令。

这两个命令操作相对简单，不再对此举例。

四、实训练习

使用模型线或详图线，灵活使用绘制与编辑命令绘制下列图形。

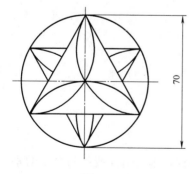

图 1-25

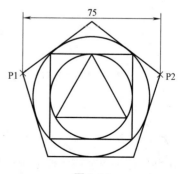

图 1-26

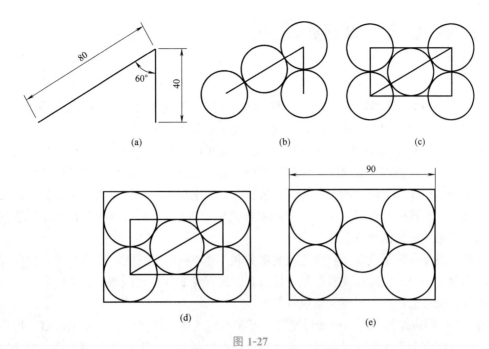

图 1-27

教学单元 2　链接模型

建筑中使用 Revit 可以创建建筑模型、结构模型、水电机模型。对水电机模型而言，它们通常是在建筑模型之上创建的，这就需要建筑模型为载体。

而现实中，根据 Revit 软件的协作性，通常是不同专业的工程师在同一时刻针对此建筑模型进行多个专业方面的建模，而建筑模型只有一份，需要大家同时共享性使用，就好像是一个透明的玻璃立体容器中放入了建筑模型，大家在玻璃容器外表面依据容器内的建筑模型（对此容器中的模型，可进行视图缩放供用户观察），同时创建各自专业的模型文件，这就引出了**链接模型**概念。

链接本质是将两个或多个对象之间实现关联。在 Revit 中的链接模型是在不同的操作人员间实现某一图形可同时观看参照，且只有原拥有者才可实现修改，在修改后一定时间内将内容更新后呈现出来再供大家观看参照。

在 Revit 的协作共享下的链接模型时，可在不同专业之间实现文件互相链接，即以其他专业的文件作为正在绘制者项目中的外部链接，绘制者在本专业下绘制模型，并在绘制一定的时间后通过 Revit 中的监视功能提示链接原文件更新，让其他专业人员更新当前链接中的图元。

当然，各个专业人员也可以将链接的他人的定稿文件，完全绑定到自己的项目中，作为绘制专业模型的基础。此种方式，称为独占方式下的链接模型。

事实上，Revit 中的链接文件通常有两种使用情况，即协作方式和独占方式。

在链接关系中的原文件，通常称为当前使用者的主体文件；对原文件而言，可同时供多人参照，即可为不同用户产生链接文件。此处的链接文件只是远处可看的，而不是自己可用的。要将链接关系中的原文件变为自己的，要通过模型转换，即绑定链接功能或复制/监视功能，这样才能在自己的项目中有与原文件相同的全部或部分图元。

2.1　协作方式下的链接模型

一、实现目标

1. 协作方式下，要掌握的操作内容有：

（1）如何实现链接；

（2）将链接的他人的重要内容或自己需要的内容复制一份；

（3）他人的链接内容有变化时，在监察侦探后，本地链接内容跟随变化；

2-1

协作方式下的链接模型

（4）不需要时，断开链接关系；需要时，再次加载。

2. 视图规程认识

二、操作过程

1. 在专业样板下新建项目，对于水电机模型而言，可使用系统提供的"机械样板"，如图 2-1 所示。但此处不建议使用此样板，因为其中整合的内容较少，因此不同的企业自身通常会创建自己企业内部使用的样板文件。此处我们使用的是本教材提供的专业样板中的"水样板"文件，执行图 2-1 中的"浏览"命令，找到相应的文件夹，会出现如图 2-2 所示的几个样板，此处的"Electrical…"开头的为电专业，"Mechanical…"开头的为暖通专业，"Plumbing…"开头的为给排水与消防喷淋专业对应的样板文件；

图 2-1

图 2-2

2. 点击图 2-2 的"打开"按钮后，绘图区会出现"1-卫浴"平面，此时点开"项目浏览器"窗口中的"立面（建筑立面）"中的任一个立面，会看到如图 2-3 所示的两个标高数据，此标高数据为当前项目下的默认标高信息，它们分别对应此时图 2-3 中的楼层平面中的"1-卫浴"和"2-卫浴"。

注意：此处是观察提醒，后面如果复制了楼层平面，这两个新建项目时默认的两个楼层平面标高要一起选中删除，只删除一个时，另一个会不让删除，除非当前只有这两个楼层平面。

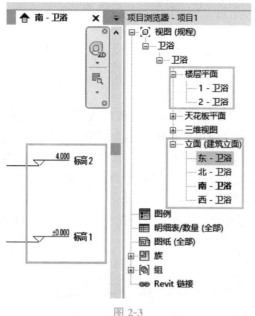

图 2-3

3. 执行"插入"选项卡→"链接 Revit"命令，选择本教学单元配套提供的文件"学院行政楼-建筑.rvt"，且建议"定位"选项中使用"自动-原点到原点"方式，如图 2-4 所示，"打开"按钮的选项默认为"全部"，点击"打开"按钮，会出现加载升级提示信息窗口，同时，左下角会出现绿色的加载进度条百分数提示。

图 2-4

4. 此时，在"1-卫浴"视图中，可能会看不到链接的图形，如看不到，可在英文状态下，输入"Z"字母后，立即按回车键，则视图区中会缩放后看到链接的图形（此处的"Z"为单词"ZOOM 缩放"的第一个字母，此时的图形应为灰色）。

5. 为防止链接的图形对象移动位置，此时对此链接的主体文件执行锁定命令：先点选此链接对象，再在出现的选项卡"修改｜RVT 链接"中执行"锁定"命令（也可在选中此对象后在英文状态下直接输入"PN"即可，注意此处输入命令后不要按回车键）。

此时所链接的内容是其他人的内容，只是在当前视图中的虚拟性显示，还不是自己的内容。如需要其中的标高与轴网，则需要执行下文的"复制/监视"操作。

6. 执行"协作"选项卡→"复制/监视"→"选择链接"命令，点取链接的图形对象，会出现新的"复制/监视"选项卡，在此选项卡中，执行"复制"命令，选择要复制的内容（此处以轴网为例），操作方法的过程如图 2-5 所示次序。

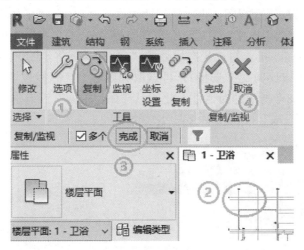

图 2-5

按此操作方法，正常复制时先标高，后轴网，此处按图 2-5 中的步骤 2，复制标高时，点击切换到"立面"视图中的任一个立面（如南立面视图），执行"复制/监视"选项卡→"复制"命令，然后勾选图 2-5 中状态条中的"多个"，再反向框选链接对象中的全部标高，接着依次点击图 2-5 中的两个"完成"按钮（步骤 4 "完成"按钮要再点选项卡"复制/监视"后才能看到）。

7. 选中标高 1F，在属性窗口中修改其为"正负零标高"。

8. 修改其他标高的属性为"上标头"标高，如图 2-6 所示。

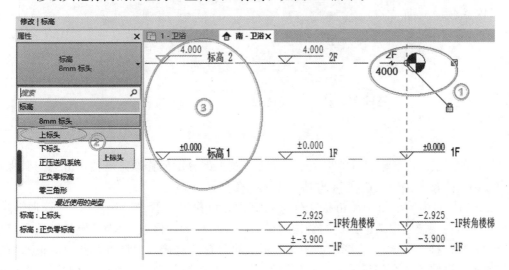

图 2-6

9. 同时选中图 2-6 中的"标高 1"和"标高 2",按 Delete 键同时删除,在出现的提示信息框中点击"确定"按钮。

10. 执行"视图"选项卡→"平面视图"→"楼层平面",在出现的对话框中,选择全部标高后,点击"确定"按钮,此时会在"项目浏览器"窗口中的"楼层平面"下出现刚才选中标高的楼层平面名称。

11. 切换到 1F 楼层平面视图,再次执行"协作"选项卡→"复制/监视"→"选择链接"命令,在 1F 绘图区中选中链接对象后,会出现新的"复制/监视"选项卡,此时点击此选项卡中的"复制"按钮,接着勾选状态栏处的"多个",再将绘图区中的链接对象全部框选(用鼠标正向包含或反向交叉选择),再点取如图 2-5 状态栏最右侧的"过滤选择集"图标按钮,出现如图 2-7 所示的对话框,此处只选择"轴网"后点击"确定"按钮,接着再点击两个不同的"完成"按钮(注意先后次序)。

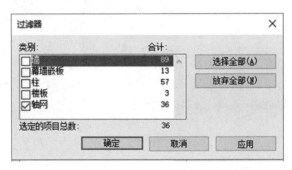

图 2-7

12. 此时 1F 楼层平面绘图区中新产生的轴线变成黑色,点任意几个轴线观看,此时的轴线上会多一个"监视"标记,且新出现的"修改|轴网"选项卡中多一个"停止监视"图标按钮,如图 2-8 所示。

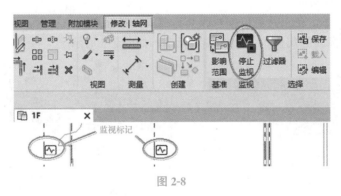

图 2-8

13. 在协作方式下链接模型时,如主体文件发生部分图元修改,若使用方想与其保持一致,则要执行"协作"选项卡→"协调主体"命令。

14. 如想对当前项目中的链接文件进行管理,可执行"管理"选项卡→"管理链接"命令(也可在视图区中选中当前的链接对象后,在出现的"修改 | RVT 链接"选项卡中执行"管理链接"命令),会弹出如图 2-9 所示的"管理链接"对话框,此对话框对有些分辨率小的电脑不能全部显示出来,其最下面的四个按钮分别是"确定""取消""应用"

"帮助"，可通过按 Tab 键来依次选择切换，找到相应的按钮。

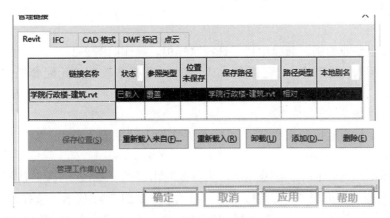

图 2-9

15. 在图 2-9 中，可对已加载的链接对象执行"重新载入""卸载""删除"操作，也可以添加新的链接对象，参照类型有"覆盖型"和"附着型"，在此建议使用"覆盖型"，因"附着型"在多项目间链接时，可能会丢失，甚至会出现循环性链接嵌套；"路径类型"建议使用"相对"路径。

16. 通常在专业图形中链接对象时，链接对象是灰色的，如果要将其在当前视图显示中变为原色显示，则要按图 2-10 进行下列操作：

(1) 方法一

将"视图样板"的"卫浴平面"改为"建筑平面"。

(2) 方法二

1) 在 1F 视图楼层平面的"属性"窗口中，修改"视图样板"属性值为"无"。

图 2-10

2) 修改"子规程"为"协调"。

此操作中使用"复制/监视"命令复制了轴网，当然，用户也可以使用建筑中的轴网命令单独绘制。同样目的，不同的方法，此处不赘述。

2.2　独占方式下的链接模型

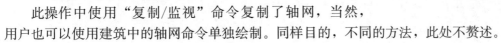

一、实现目标

独占方式下，要掌握的操作内容有：

(1) 如何实现绑定链接后选择我们需要的内容。

(2) 绑定后视图规程的设置。

2-2

独占方式下的
模型链接

二、操作过程

1. 此处以水专业为例，新建项目，选择水样板，操作同图 2-2。

2. 执行"插入"选项卡→"链接 Revit"命令，选择本教学单元配套提供的文件"学院行政楼-建筑 .rvt"，且建议"定位"选项中使用"自动-原点到原点"方式，如图 2-4 所示。

如果此时看不到链接的文件图形，可在英文输入法状态下输入"Z"字母后，按回车键。

3. 在绘图区，点取 Revit 链接对象，执行此时出现的"修改 | RVT 链接"选项卡→"绑定链接"命令，会出现"绑定链接选项"对话框，如图 2-11 所示，选择此处的"标高"和"轴网"后点击"确定"后，如果链接文件较大，会出现一个提示信息框，此时点击"继续"，左下角会有一个进度条，显示进程。

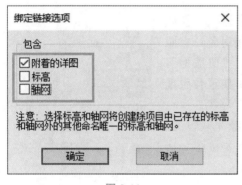

图 2-11

4. 在绑定链接进程中，可能会出现一些提示信息，如"重复类型""无法使图元保持连接"等，此信息下，**请不要点击"取消"按钮**，无法连接时，要适当分离目标；在绑定结束后，如果出现提示是否要删除链接，建议此时删除。如果没在出现此提示，可执行"管理"选项卡→"管理链接"命令，在出现如图 2-9 所示图形中，选中链接文件后，执行"卸载"和"删除"命令。

5. 点取绑定后的图形，会出现一个"修改 | 模型组"选项卡，此时是一个整体，对其执行"锁定"命令，防止其被误操作。

教学单元 3　给水排水管网绘制

3.1　管道绘制基本操作方法

一、管线绘制基本操作

3-1

管道是通过管段、管段连接件和阀门等连接而成装置，它通过重力或一定的压力来输送气体、液体或液体中含有细微固体颗粒。

请新建基于"Plumbing-DefaultCHSCHS"样板文件的项目，在其绘图区中，学习下面的内容：

给水排水管线基本操作

1. 界面

观看"系统"选项卡中的中间的"卫浴与管道"选项，如图 3-1 所示，认识管道、管件、管路附件、卫浴装置、喷头等基本命令。

图 3-1

2. 管线绘制过程中 Esc 键、Shift 键的使用

3-2

（1）停止连续绘制：第一次 Esc 键；

（2）停止当前绘制命令：第二次 Esc 键；

（3）按住 Shift 键不放时绘制管道，此时相当于 CAD 绘图中的正交状态。

基本管线绘制

练习：请你执行管道命令，在绘图区中绘制一些管段，并练习使用 Esc 键和 Shift 键。

3. 管线绘制中的长度数据确定

（1）通常在绘制管道时，鼠标点击确定第一点后，拖动鼠标位置确定方向后，即可从键盘输入数据确定管道的长度。

（2）如果是单独的一段直线型管道，在任意绘制后，点击此管段，可输入数据确定其长度，此时会以此管段的中心为基准变化。

（3）如果绘制的管道与其他管道存在变径连接或弯头三通之类时，新绘制的管道长度任意绘制产生的，此时点取此管段，修改输入新的长度数据，则是以连接点为基准变化。

　　练习：按图 3-2 标注数据练习绘制管道图形，并标注。

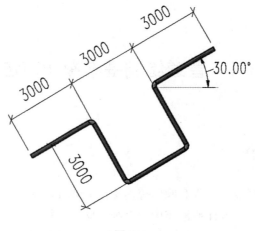

图 3-2

二、管道参数设置

　　管道参数设置是绘制管道的准备工作，正确设置可明显减少后期的管道调整工作。因此，建议在未操作时先做好规划。

　　1. 管道系统的分类

　　软件本身带有一些分类，但在不能满足使用的需求时，我们要创建一些系统。系统创建好后，可以保存在项目的样板中。因此，许多公司会根据自己的需求，对系统不断完善和归类总结，形成自己公司的样板文件。

　　对于管道系统分类，可依据使用功能或位置进行分类。如：

图 3-3

　　（1）管道按功能目的可分为：给水系统、排水系统、消防系统、喷淋系统、暖通水系统、暖通风系统等。

　　（2）管道按位置可分为：低层低压给水系统、高层高压给水系统等。

　　2. 管道系统的创建方法

　　（1）打开"项目浏览器"窗口→"族"→"管道系统"，可见的系统有循环供回水、家用冷热水、干式消防系统、湿式消防系统、预作用消防系统、其他消防系统、卫生设备、通风孔、其他，这些原来已有的管道分类，如图 3-3 所示。

　　（2）创建需要的管道系统：在原系统上按鼠标右键后执行"复制"并"重命名"，如创建"给水系统"和"喷淋系统"。

　　（3）绘制管道时，先选择"属性"窗口中的"系统类型"，再绘制管道实例。

管道系统的分类操作，还会在教材后面的操作中循序渐进地讲述。

管道系统分类后的好处主要体现在子规程的使用上，如在暖通风系统中设置平面图、立面图、三维视图等，从而能更加规范性、有条理性地管理各个系统的视图，并可控制各个系统的颜色、线型、线样式等。

3. 管道尺寸设置

管道尺寸设置主要是管道的直径和偏移量两个数据，在状态条和属性面板，均可实现相同的目的，如图 3-4 和图 3-5 所示。

3-3

管网系统设置

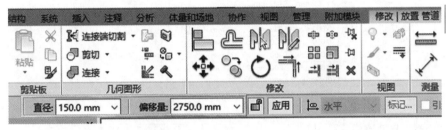

图 3-4

3-4

管道尺寸设置

管道中如果设置的直径数据在下拉框中没有时，可从"机械设置"对话框（图 3-6）中"新建尺寸"添加入新的尺寸。要打开此窗口的方法也有两种：

（1）通过在绘制管道状态下，执行"属性"窗口中"编辑类型"→"类型属性"对话框中"编辑"按钮→"布管系统配置"对话框中"管段和尺寸…"按钮→"机械设置"对话框。

（2）"管理"选项卡→"MEP 设置"→"机械设置"，打开"机械设置"对话框。

同样，在图 3-6 的对话框中，也可以删除管道的直径尺寸，此处强调项目中已使用的管径不允许被删除。已使用的管径只有在项目中删除相应管径的管道后，才可以在"机械设置"对话框中删除。

同理，管道的其他数据参数可通过"机械设置"内的"管道设置"中的各子参数进行设置，感兴趣的同学可自己摸索，此处不一一赘述。

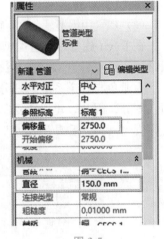

图 3-5

4. 管道类型的设置

管道类型通常是按使用的用途划分，如目前使用较多的铝塑管，其类型有：

（1）普通饮用水用铝塑复合管：白色 L 标识，适用范围：生活用水、冷凝水、氧气、压缩空气、其他化学液体管道。

（2）耐高温用铝塑复合管：红色 R 标识，主要用于长期工作水温95℃的热水及采暖管道系统。

3-5

管道类型设置

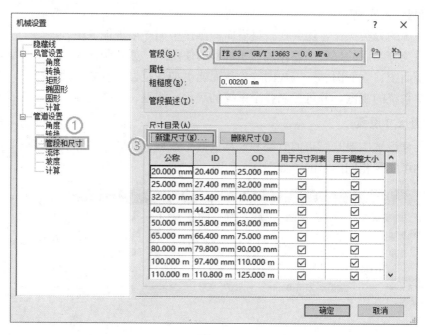

图 3-6

（3）燃气用铝塑复合管：黄色 Q 标识，主要用于输送天然气、液化气、煤气管道系统。

在 Revit 族中，管道类型默认划分为"PVC-U-排水"和"标准"两个，其中"标准"通常用于给水管道。

为避免与管道系统的划分混淆，此处可将"管道类型"理解为用于不同功能的"材质"划分。因此，建议在复制创建不同管道类型的命名时，在用途前面加上材质，如"镀锌钢管-给水""铝塑管-给水""PPR 管-给水"等。

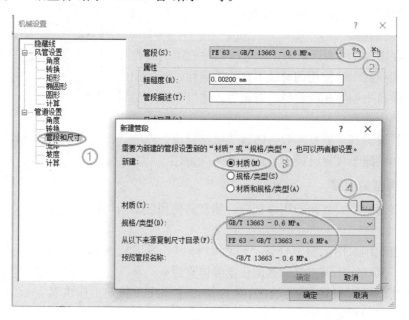

图 3-7

操作举例：

如我们要创建不同用途的生活用冷水铝塑管和热水铝塑管，操作过程如下：

（1）执行"系统"选项卡→"管道"命令，在"属性"窗口点击"编辑类型"按钮。

（2）在出现的"类型属性"对话框，在"类型"为"标准"时，点击"复制"按钮，命名为"冷水铝塑管"，然后点击"布管系统配置"选项右侧的"编辑"按钮。

图 3-8

（3）在出现的"布管系统配置"对话框中，点取"管段和尺寸…"按钮。

（4）在出现的"机械设置"对话框中，新建立管段，过程如图 3-7 所示。

（5）在新出现的"材质浏览器"对话框的左下角，执行"新建材质"命令，如图 3-8 所示。

（6）对新出现的材质，将其命名为"铝塑管"，其余此处不作修改，然后点击"确定"按钮，会返回到如图 3-7 中的"新建管段"对话框中，此时可看到此对话框的材质参数变为"铝塑管"，预览管段名称也发生了变化，两次点击"确定"按钮，返回到"布管系统配置"对话框中。

（7）修改此时的管段构件为铝塑管，然后点击两次"确定"按钮，如图 3-9 所示。

（8）设置结束后，可在绘图区绘制管道，绘制后，将鼠标放置已绘制的管段上，会出现如图 3-10 所示的浮动提示信息。

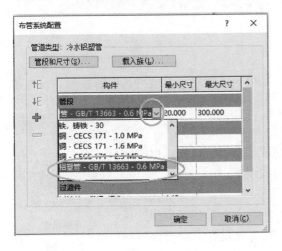

图 3-9

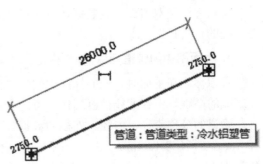

图 3-10

三、管道绘制中的对齐

管道对齐从两个视点考虑，即水平方向和垂直方向，它们在绘制管道时的"属性"窗口中选择设置，水平方向分为左、中、右三个，垂直方向分为顶、中、底三个。

管道对齐通常是在绘制前设置，也可在绘制后，选择管段设置。此部分的操作相对简单，此处留给学生自己练习摸索。

四、管道标记

3-6

管道尺寸标注和修改尺寸大小

管道标记主要是标记管道的直径，也可标记其他内容。

1. 管道标记方法

（1）放置时生成，如图 3-11 所示。

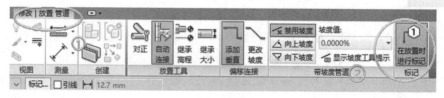

图 3-11

（2）绘制对象之后，执行"注释"选项卡→"按类别标记"命令，如图 3-12 所示，然后点取要标记的管道，此时要注意"属性"窗口中的"引线"选项。

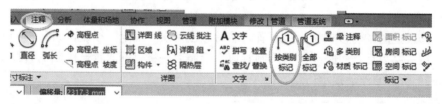

图 3-12

2. 修改对应管道尺寸标记

常用方法是双击文字或数据，直接修改；如果为直径尺寸，也可选中管段后，修改状态栏处的"直径"尺寸。

3. 平面图中的管道标高（EL 标记）

3-7

标高标记

管道标注在平面时，既能标注中间位置高程和最顶线高程，也能标注底线的高程，但因此线被遮挡住，可能会造成误解。

管道的公称直径、内径、外径的数据如图 3-6 所示，如管道直径为 100mm，外径为 108mm（注意：图 3-6 中直径 100mm 处的对应的外径数据为 110mm，此处不追究两者间的数据不同，只观看正常操作时产生数据)，管道居中偏移量 2700mm，则上标高为 2700mm＋108mm/

2＝2754mm＝2.754m。

标注平面管道标高标注操作举例：

（1）在绘图区中绘制直径为100mm、偏移量为2700mm的标准管道。

（2）点取管道，执行新出现的"修改｜管道"选项卡→"高程点"命令（或输入命令"EL"），然后点取管道（如此时的视图"详细程度"为"粗略"或"中等"，则不可以点取管道，要先将视图"详细程度"修改为"精细"）。

（3）点取两侧，可标注标高"2.700"，点取中间时，默认数据为"2.754"，按Tab键切换选线时，可标注"2.646"，如图3-13所示。

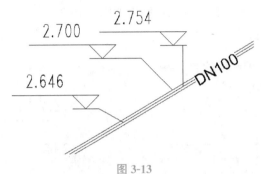

图 3-13

4. 管道立面的标注（EL标记）

同样的方法，我们也可在立面图中进行管道的标高标注，此处留给学生自己练习。

5. 管道截面标注

还使用上文绘制的管段，绘制剖面图垂直剖切管段，然后对此管道截面进行标注标高，操作过程如下：

（1）在卫浴平面图中，执行"视图"选项卡→"剖面"命令，绘制与管道长度方向相垂直的剖面，如图3-14所示，然后双击"项目浏览器"窗口中的"详图0"，打开截面图。

3-8

管道截面标注

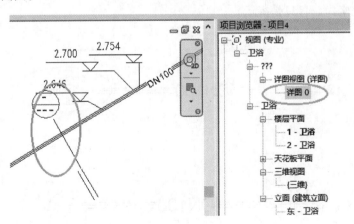

图 3-14

（2）若截面图的区域较小，看不到管道截面，可适当拖动截面图的上边，直到看到管道截面，此时管道中心标识线为默认可见，适当滚动鼠标放大视图直至清晰状态。

（3）此时使用前面的标高方法，只能对管道的水平中心进行标高标注。

（4）点击"属性"窗口中的"可见性/图形替换"选项右边的"编辑"命令（或执行"视图"选项卡→"可见性/图形"命令），打开"可见性/图形替换"对话框，对如图 3-15 所示的"升""降"选项去除钩选状态（如不显示截面图中的中心线标记，去除"中心线"选项去除钩选状态），再点击此对话框中的"确定"按钮（如果看不到"确定"按钮，可通过按 Tab 键切换到"对象样式"时，再按一下 Tab 键，然后按回车键）；

（5）点选管道，对其进行标高标注，结果如图 3-16 所示。

图 3-15

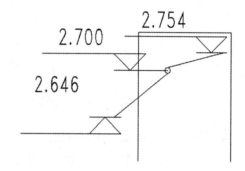

图 3-16

6. 管道坡度标注

操作举例：

3-9

坡度标注

（1）绘制直径 100mm 的管段，偏移量 2700mm，长度 5000mm。点取管段，修改其一端的偏移量为 2800mm，如图 3-17 所示，输入数据后按回车键确认，此时管段上会自动出现坡度，如图 3-18 所示，此时坡度为百分比格式，且只是提示。

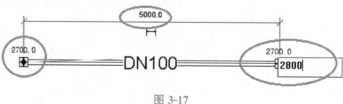

图 3-17

图 3-18

（2）坡度标注

点取管段，执行"修改｜管道"选项卡→标注处的"高程点坡度"命令，并在管道上标注坡度，结果如图3-19所示。

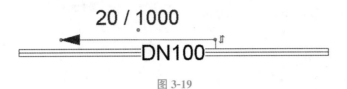

图 3-19

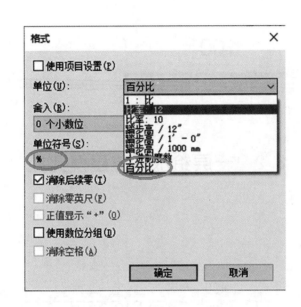

图 3-20

（3）修改坡度标注的格式

点取刚才标注的坡度数据，执行此时"属性"窗口中的"编辑类型"，在出现的"类型属性"对话框中，点击"单位格式"参数选项右边的按钮，如设置坡度格式为"百分比"，如图3-20所示，注意设置单位符号为"％"，然后点击两次"确定"，结果如图3-21所示。同样的方法，学生可尝试其他的单位格式。

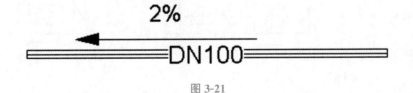

图 3-21

（4）三角形标记

在进入立面或剖面并标注了管道的坡度时，点取标注的坡度，如图3-22所示，可修改其为三角形的样式，结果如图3-23所示。

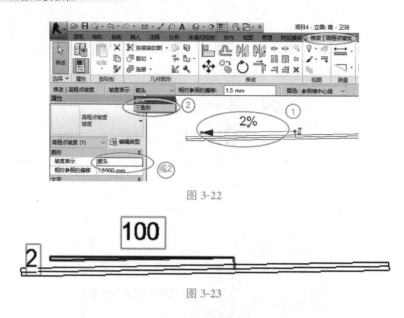

图 3-22

图 3-23

3.2 一层给水系统建模实操

一、图形尺寸数据

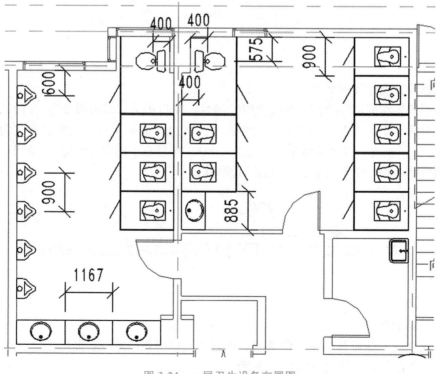

图 3-24 一层卫生设备布置图

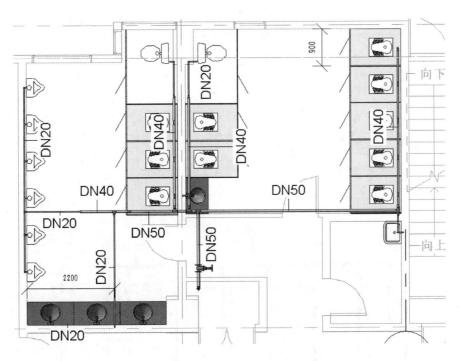

图 3-25 一层给水管道平面布置图

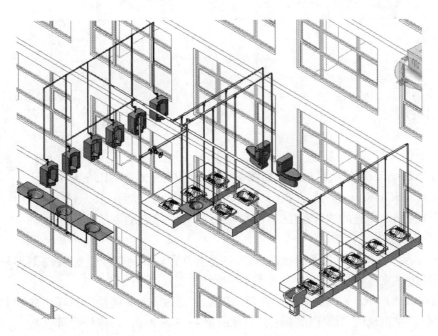

图 3-26 一层给水管道三维效果图

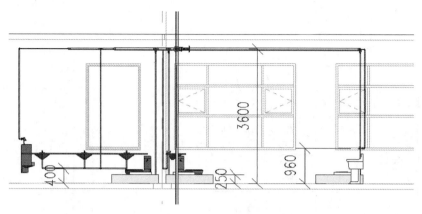

图 3-27   一层给水管道南立面图

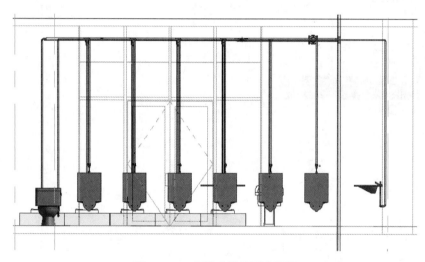

图 3-28   一层给水管道西立面图

3-10

绑定模型

二、模型链接

操作过程：

1. 打开 Revit，新建项目，使用如图 2-2 中的水样板文件"Plumbing-DefaultCHSCHS.rte"，然后执行"插入"选项卡→"链接 Revit"命令，打开提供给用户的"行政楼-2016 版.rvt"文件，定位为"自动-原点到原点"。

2. 载入后，将其移动到平面视图区居中适当位置，并将四个立面视图图形移动到载入的模型外边。

3. 点选载入的 Revit 模型文件，在新出现的"修改 RVT 链接"选项卡中执行"绑定链接"命令。在出现的"绑定链接选项"对话框中（图 3-29），选择全部选项后点击"确定"按钮。在出现"超过 10MB"类的提示信息框（图 3-30）中，点击"是"按钮。加载过程中，左下角会出现百分比进度条，如出现其他提示信息，点击"取消连接图元"按钮或"分离目标"按钮，如图 3-31 所示。

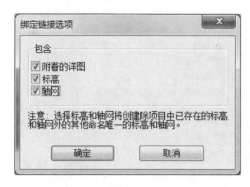

图 3-29

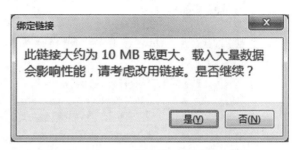

图 3-30

4. 删除卫浴视图下默认的两个平面，并添加入新的楼层平面：

（1）在"项目浏览器"窗口中，打开"南"立面视图，仔细观察，这时可见到两个标高。

图 3-31

（2）同时选中这两个标高（一定要同时选中，只删除一个时，最后一个不让删除），按"Delete 键"，会出现一个警告提示框，这时点击"确定"按钮。

（3）点选链接文件图形，先执行"解锁"命令，再执行"解组"命令。

图 3-32

（4）执行"视图"选项卡→"平面视图"→"楼层平面"命令，在出现的对话框中，选择全部楼层，然后点击"确定"按钮，如图 3-32 所示，观察此时的"项目浏览器"窗口，会看到楼层平面处多了刚才添加的楼层视图。

5. 修改轴网的类型为"6.5mm 编号"，轴线颜色为红色。

6. 保存图形。

三、一层卫浴装置布置

打开 1F 楼层平面视图，在 3/6 轴线楼梯左侧两个房间布置卫浴装置。操作过程如下：

1. 执行"系统"选项卡→"卫浴装置"命令，然后执行新出现的"修改∣放置卫浴装置"选项卡→"载入族"命令，从加载对话框中选择提供的卫浴装置族（按住 Shift 键连接选择，按 Ctrl 键不连续选择），选中后，点击"打开"按钮，如图 3-33 所示。

2. 在"属性"窗口中，选择"03-卫生间隔断"族中的"L 形-台高 180"类型，如图

图 3-33

3-34 所示，然后按图 3-24 的平面布置图布置卫生间隔断，计划先放置在右侧卫生间右上角，鼠标点击位置在右侧任意地方，再使用移动命令，将其移动到右上角，接着执行多个复制产生此列的其余隔断，如图 3-35 所示。

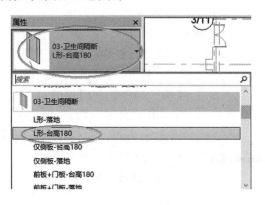

图 3-34

3-12

卫生器具的标注

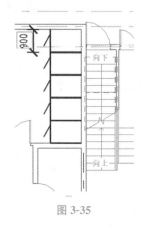

图 3-35

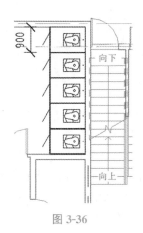

图 3-36

　　3. 同样，执行"卫浴装置"命令，在"属性"窗口中，选择"02-蹲式便器 3D—带连接点 -台高 180"族，放置到卫生间任意位置后，旋转 90°，再使用移动命令，将其放置到右上角第一个卫生隔断图形内，接着使用复制命令，产生此列中的另几个蹲式便器，如图 3-36 所示。

　　4. 执行"注释"选项卡→"详图线"命令，在如图 3-37 所示的位置绘制详图线，线的两端抵墙面。

　　5. 使用框选方式，框选中一个卫生间隔断和一个蹲便器，然后执行"镜像-绘制轴"命令，点取详图线的中点，利用垂直 90°产生另一侧的一个卫生隔断和蹲便器，如图 3-37 所示。

　　6. 对刚才镜像产生的结果，按图 3-24 中的数据，向下移动 15mm，并删除辅助详图线。

　　7. 选择左侧的一个卫生隔断和蹲便器，向上复制产生另一组卫生隔断和蹲便器。

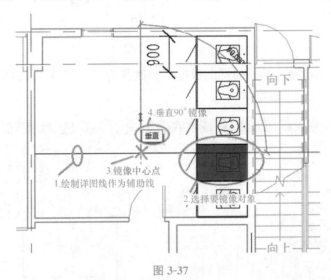

图 3-37

　　8. 选择上面的卫生隔断，向上复制，间距 900mm，并在点选状态下，修改"属性"窗口中的类型为"L 型-落地"类型。

　　9. 选择刚才的"L 型-落地"卫生隔断，向上复制，间距 900mm，然后在点选状态下，修改"属性"窗口中的类型为"前板＋门板-落地"类型，且去除"外开"钩选状态，最后可见此时板与墙体间还有一段小间隔，可在选中状态下，使用其与墙最近的拖曳点拖到墙体内边缘。

　　10. 在图中相应位置处插入卫浴装置族"04-坐便器-冲洗水箱-进 DN20"，此时结果如图 3-38 所示。

　　11. 将图 3-38 左侧的卫浴装置利用墙体中间轴线镜像产生男卫生间内的坐便器、蹲式便器和卫生隔断，并复制产生下面的一组卫生隔断和蹲便器。

　　12. 执行"系统"选项卡→"卫浴装置"命令，在"属性"窗口中选择族名"01-小便器-自闭式冲洗阀-壁挂式"中的标准，在出现的选项卡"修改|放置卫浴装置"中，保证"放置在垂直面上"图标被选中状态，在如图 3-39 所示位置的墙体处附近放置小便斗，然

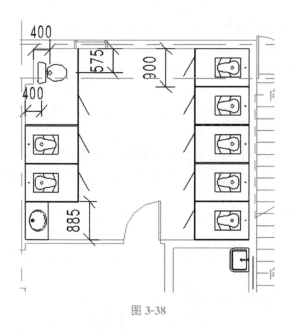

图 3-38

后点选此小便斗，修改蓝色的临时标注数据，修改其为"600"后，按回车键（或用鼠标左键点击其他空白位置）完成修改。

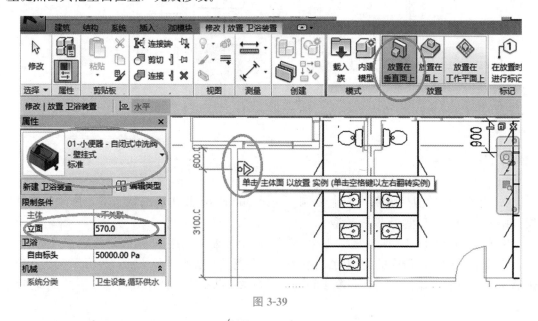

图 3-39

13. 使用"复制"命令，选中状态栏中的"多个"选项，复制产生其他的小便斗。

14. 执行"系统"选项卡→"卫浴装置"命令，在"属性"窗口中选择族名"05-洗脸盆-椭圆形"中的"915mm×560mm"类型，然后点击"属性"窗口中的"编辑类型"按钮，在出现的"类型属性"对话框中，点击"复制"按钮，修改新的名称为"1167mm×560mm"，并修改"洗脸盆长度"数据为"1167"，如图 3-40 所示，点击"确定"后，在"放置在垂直面上"的方式下，在图中适当位置放置洗脸盆，适当移动位置后，复制另两个洗脸盆。

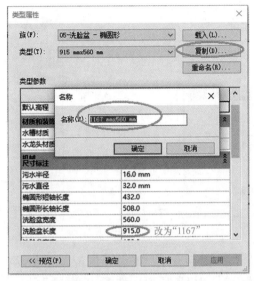

图 3-40

15. 同样的方法，复制一个"885mm×560mm"的洗脸盆类型，并在图 3-24 所示的相关位置放置。

16. 在图 3-24 的右下角位置，放置"06-污水池 进 DN20"族图形。

17. 保存图形，此时卫浴装置的布置如图 3-24 所示。

四、一层给水系统管道绘制

3-13

一层给水水平
管网创建

依据图 3-27 可知，管道的中心线的标高为 3600mm。绘制的思路通常是按水流流向绘制，即干管→支管→设备连接。

绘制时要注意水平干管主要在顶棚中暗敷，部分垂直运管在墙体中暗敷，墙体中的管道外皮与墙面要有一个适当的距离（施工规范中要求在墙面内 2cm），此处绘制只是大致放置。

一层卫生间给水绘制的操作过程如下：

1. 设置"低层给水系统"

（1）打开"项目浏览器"窗口→"族"→"管道系统"→"管道系统"，点选"循环供水"，然后按鼠标右键，执行浮动菜单中的"复制"，如图 3-41 所示。

（2）对新复制产生的"循环供水 2"执行"重命名"操作，改名为"1-5 层给水系统"。

2. 在"1F"执行"系统"选项卡→"管道"命令，修改"属性"窗口中的"系统类型"为"1-5 层给水系统"，如图 3-42 所示。

3. 紧接着点击此时的"属性"窗口中"编辑类型"按钮，在弹出的"类型属性"对话框中，在"类型"为"标准"的状态下，点击右侧的"复制"按钮，新复制的管道名称为"低层低压管道"，如图 3-43 所示。

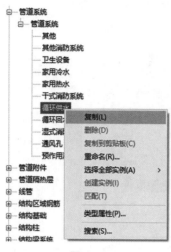

图 3-41   图 3-42

4. 点击此时"类型属性"对话框中"布管系统配置"参数右侧的"编辑"按钮，在新出现的"布管系统配置"对话框中，选择"管段"构件为"PE63-GB/T13663-0.6MPa"，设置最小尺寸为"20"，如图 3-43 所示，设置结束后，连续执行两次"确定"。

5. 设置当前状态栏处管道的"直径"为"50mm"、"偏移量"为"－1000mm"（输入－1000 后按回车键），在如图 3-25 所示的干立管所在的大致位置处点击鼠标左键，确定主干立管的垂直位置，紧接着在状态栏处的"偏移量"输入框中输入"5000"并立即按回车键，然后点击状态栏旁边的"应用"按钮，完成主干立管的绘制。

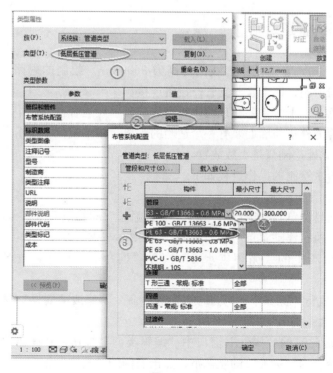

图 3-43

6. 选中刚才绘制的立管，修改临时尺寸标注命令中的数据，使得其位置如图 3-44 所示。

7. 执行"管道"命令，修改状态栏处的"偏移量"为"3600mm"，并在"自动连接""添加垂直"和"禁用坡度"三个开关选项同时选中状态下，如图 3-45 所示。在绘图区绘制由垂直立管引来的水平干管，注意此时水平干管的第一点位置最好先与立管间有一段间距，可使用"对象追踪"的出现虚线状态下确定第一点与垂直干管对齐，也可在绘制一段管段后，再使用对齐命令，将两者对齐。

8. 此时的管段为一根线段，在视图为"楼层平面：1F"平面视图状态下，修改此时"属性"窗口中的"视图样板"选项，将其改为"＜无＞"，然后设置视图区下面的"详细程度"为"精细"、"视觉样式"为"真实"，观察到此时绘图区中绘制的管段也发生视觉变化。

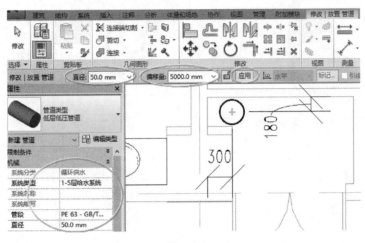

图 3-44

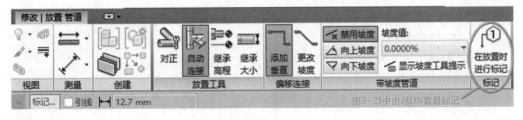

图 3-45

9. 如果此时还没对齐，可选中水平管段，执行对齐命令。

10. 点取对齐后的水平管段，会出现如图 3-46 所示的管段两端标高提示数据信息和拖曳标识点，拖曳如图 3-46 所示的下面的点到垂直管道，两管段会自动连接成一个整体，并在连接处产生一个三通。

11. 接着绘制水平干管，利用"继承高程"开关状态，连接刚绘制的水平干管向另一端延长，穿墙进入卫生间后，折弯向一边，此处假设向右绘制一段。

12. 要按图 3-25 向左绘制干管，可点选刚才自动产生的弯头，会出现如图 3-47 所示的两个带"＋"号的标识（此处图中视图样式为"线框"，便于观看），点击左边的"＋"，此时弯头会变为 T 形三通，选中此三通，此时会出现三个拖曳标识符，按鼠标右键，选择浮动菜单中的"绘制管道",会出现绘制管道状态,向左拖动鼠标绘制管道。

13. 在图 3-25 中,沿管线 50mm 水平主干管变 40mm 管道时,先设置状态栏处的直径为"40mm",在"继承高程"状态开关按下的情况下,在刚才 50mm 管道末端处,向左绘制 40mm 的管道,会自动产生一个变径过渡件。

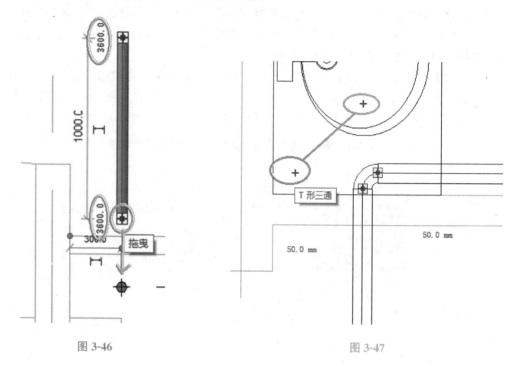

图 3-46   图 3-47

14. 同理,使用上面的几个步骤中的方法,绘制其他位置处的水平管道,注意相互交叉连接的管道会自动产生三通或四通。

15. 绘制垂直管道与设备连接

(1) 与小便器间的连接

1) 在平面视图中,执行"管道"命令,设置直径为"20mm",然后利用"对象追踪"方式,用鼠标先从小便器的中心线处经过一下,再到水平管道处按下第一点,如图 3-48 所示,再修改偏移量为"0mm"(当然,也可用其他的数据,只要低于小便器的连接点高度即可)后点击"应用"产生管道的另一端。

2) 进入三维视图状态,点选择刚才的小便器,会出现如图 3-49 所示的接口端位置及管道直径大小的提示信息,在此端点是按鼠标右键,执行浮动菜单"绘制管道"命令,向立管方向拖动鼠标,当立管出现蓝色竖双线轮廓时,点击鼠标左键,会出现三通。

3) 删除三通下面的立管,将三通改为弯头。

4) 在三维下按 Tab 键,选择立管及以下的管道,再进入到 1F 视图平面状态下,按"复制"命令(注意:此处不能颠倒操作次序),执行多个复制,产生其他小便器处连接的竖向立管。

3-14

一层卫生器具
连接方式

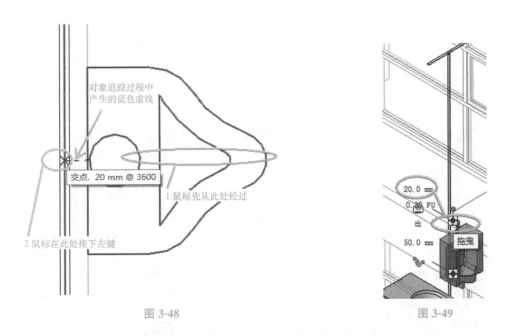

图 3-48　　　　　　　　　　　　　　　　　　图 3-49

5）再次进入三维视图，选择其中一个立管，执行"延伸"或"多个延伸"命令，先选择水平管，再点击立管（图 3-50），产生水平管与立管间的三通。

6）水平管两端三通变弯头的细节修改。

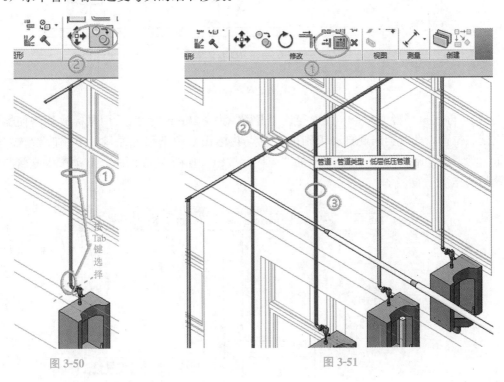

图 3-50　　　　　　　　　　　　　　　　　　图 3-51

（2）与蹲式便器间的连接

1）在1F平面视图下，执行"管道"命令，设置参数"直径"为"40mm"，"偏移量"为"3600mm",利用前面使用的对象追踪技术,然后鼠标经过蹲式便器给水管连接点后,在水平主干管处绘制直径 40mm 管道的起点端,如图 3-52 所示(也可使用注释中的详图线在图 3-52 的虚线处绘制一辅助线,再沿图 3-52 中的虚线平行处绘制偏移量为 3600mm 的管道,然后对管道执行对齐命令,将其移动到此虚线位置处),按图 3-25 所示图形绘制管道。

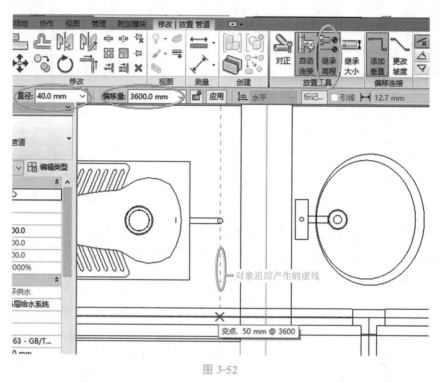

图 3-52

2)再次执行管道命令,设置参数"直径"为"20mm",然后用鼠标放到蹲便器给水连接点位置,此时会出现自动识别的蓝色点状标识,按下鼠标左键,再修改参数"偏移量"为"3600mm"后,点击右侧的"应用"按钮,如图 3-53 所示,自动产生立管与水平管间的连接三通。

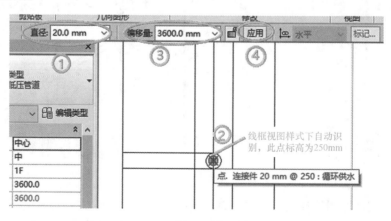

图 3-53

3）同样方法，产生蹲式便器与水平管道间的连接立管。

（3）与坐便器间的连接

1）利用注释中的详图线作辅助线，将水管与坐便器的连接点对齐，如图 3-54 所示。

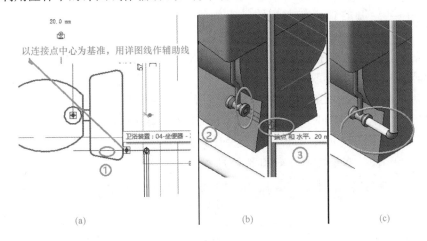

图 3-54

2）删除辅助线。

3）绘制水管垂直向下到 0mm，再到三维中，利用在坐便器的连接点上按鼠标右键，执行浮动菜单中的绘制管道，与立管相交得三通，再修改三通为弯头如图 3-54 所示。

4）或不执行上述（3）步骤，而是执行"系统"选项卡→"管道"命令，此时在"修改｜放置管道"选项卡中的状态栏设置参数"直径"为"20mm"，"偏移量"为"3600mm"，选项卡中"自动连接""添加垂直"和"禁用坡度"同时为蓝色选中状态，用鼠标先点取坐便器上方的管道端点，再用鼠标点击坐便器给水管道连接点，依据如图 3-55 所示再作后续相应的修改。

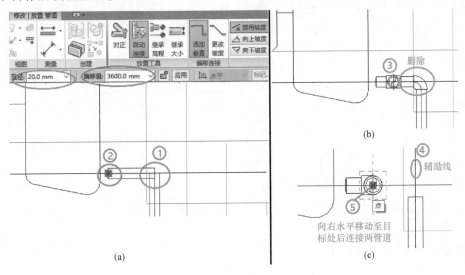

图 3-55

（4）与洗手池间的连接

1）在左侧卫生间东西向的 $DN40$ 管道处的任意一地方，绘制直径 $DN20$ 的管道，至水池处墙体内 100mm 左右。

2）标注刚才绘制的管道与左侧墙外表面间尺寸，然后点选择管道，修改其尺寸为"2200"。

3）依据图 3-27 所示数据，在刚才绘制的 $DN20$ 管道墙体内末端处，向下绘制立管，第一点自动捕捉，第二点修改参数"偏移量"为"400mm"后，按"应用"按钮。

4）绘制高程 400mm 处由墙内向外的水平管，直接从平面图中绘制时，由于有高程 3600mm 的管道遮挡，绘制时可能会因无法自动连接之类的错误而不会产生所要绘制的管道，建议最好将高程 3600mm 的管道先选择后，利用拖曳点，将其水平拖开一定的间距，再绘制高程 400mm 的水平管道，如图 3-56 所示。

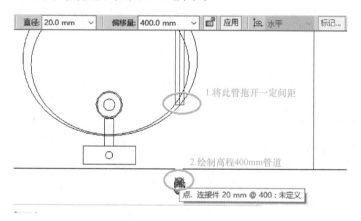

图 3-56

5）按图 3-26 所示立体图洗手池处管道走向，绘制水平管道，并将两端绘制或拖曳，直接与洗手池管道连接点连接，如图 3-57 所示。

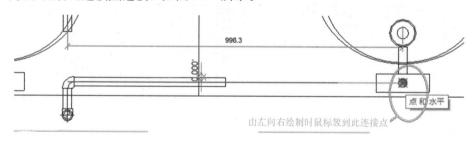

图 3-57

6）按图 3-26 所示及前面的绘制连接方法，请学生绘制另几个洗手池处连接点与管道间的连接，并注意将图 3-56 中分隔的管道连接起来。

五、一层给水系统附件添加

根据图中提供的族，一层给水系统管道处需要添加管件的只有主干

3-15

一层给水系统
附件添加

管中的闸阀和蹲便器处用的开关水龙头两类，具体操作如下：

1. 添加闸阀

（1）执行"系统"选项卡→"管路附件"命令，在新出现的"修改｜放置管路附件"选项卡中，执行"载入族"命令，按如图 3-58 所示路径和要加载的族名称，加载族到当前项目文件中。

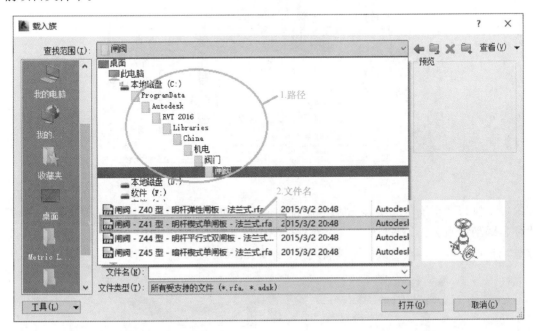

图 3-58

（2）在出现的"指定类型"对话框中，选择"Z41T-10-50mm"这一类型后，点击"确定"按钮。

（3）执行"系统"选项卡→"管路附件"命令，在"属性"窗口中，选择刚才加载的"闸阀-Z41T-10-50mm"族类型，在如图 3-59 所示中 $DN50$ 管道的大致位置处点击鼠标左键插入。

（4）调整闸阀方向及与墙体的间距，如图 3-59 所示。

2. 添加蹲便器处的踩踏式水龙头

（1）进入三维视图状态，先按住 Ctrl 键不放，再用鼠标左键点选卫生间隔断，然后点击绘图区下方的"视图控制栏"中的"临时隐藏/隔离图元"图标按钮，会出现菜单，选择其中的"隐藏图元"，如图 3-60 所示，会将选中的几个卫生间隔断临时隐藏。

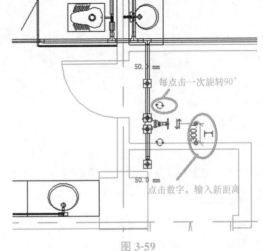

图 3-59

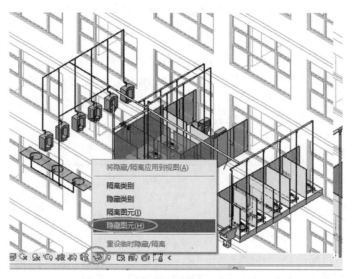

图 3-60

（2）执行"系统"选项卡→"管路附件"命令，加载本章节提供的"08-管道附件-蹲式大便器踩踏式水龙头.rfa"族文件，在立体图中蹲式便器的立管处，当要插入的水龙头与立管出现最近点时，点击鼠标左键插入族，结果如图 3-61 所示。

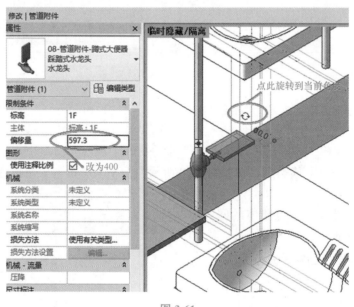

图 3-61

（3）完成一个模型建立后，进入到 1F 视图平面，利用多个复制命令、镜像命令和旋转命令，产生其他相应立管上的踩踏式水龙头。

3. 检查图形

将鼠标光标放在任一管道上，然后多次按 Tab 键，观察整个给水管道是否能同时选中，并确保三维效果如图 3-26 所示。

4. 隔断显示

将刚才隔离的卫生间隔断显示，点击"视图控制栏"中的"临时隐藏/隔离图元"图标按钮，在出现菜单中选择最下面的"重设临时隐藏/隔离"。

5. 保存当前项目文件，文件名自己设定。

3.3 一层排水系统建模实操

一、图形尺寸数据

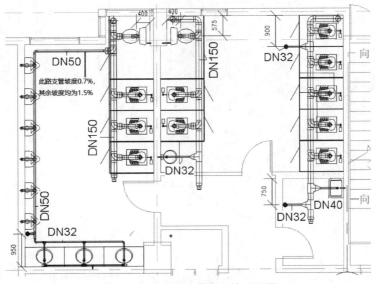

图 3-62 一层排水管道系统平面图

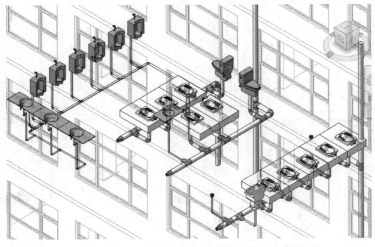

图 3-63 一层排水管道系统立体效果图（隐藏图元）

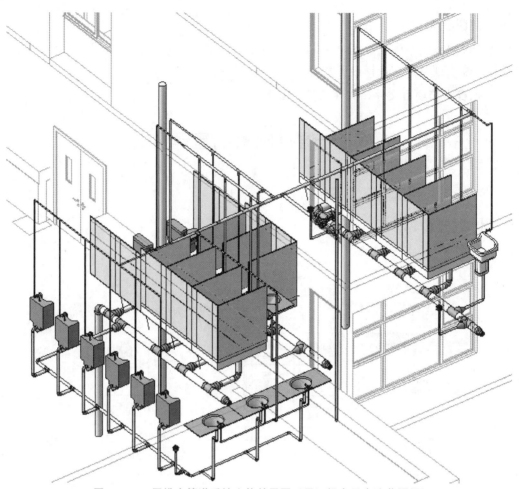

图 3-64　一层排水管道系统立体效果图（另一视点且未隐藏图元）

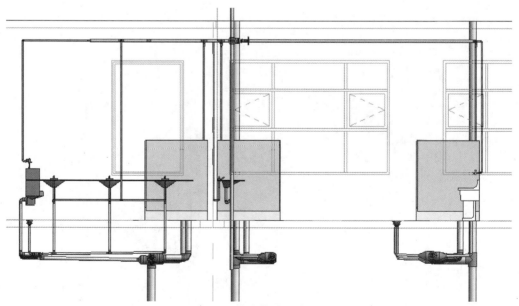

图 3-65　一层排水管道系统南立面图

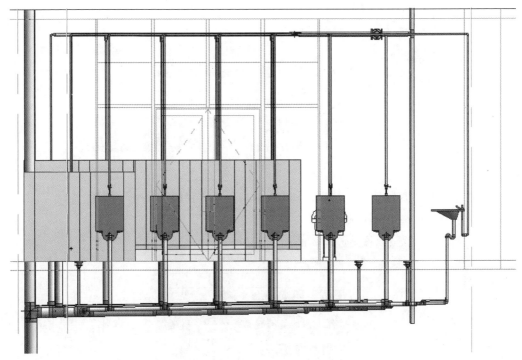

图 3-66　一层排水管道系统西立面图

3-16

一层排水系统1

二、排水系统设置和管道类型设置

按照图 3-62，排污管分为三个排污系统，此处的图中由左向右编号，即 WL1-排污系统、WL2-排污系统和 WL3-排污系统，三者的管道类型材质相同。

1. 排水系统设置

执行"项目浏览器"窗口→"族"→"管道系统"，在其中的"卫生设备"上按鼠标右键，点击出现的浮动菜单中的"复制"项，然后对新出现的"卫生设备2"重命名，改名为"WL1-排污系统"，如图 3-67 所示。同样，复制产生"WL2-排污系统"和"WL3-排污系统"。

2. 设置管道类型

(1) 执行"系统"选项卡→"管道"命令，然后点击"属性"窗口→"编辑类型"按钮，在出现的"类型属性"对话框中，选择"类型"为"PVC-U-排水"，如图 3-68 所示，再点击此"类型属性"对话框中的参数"布管系统配置"右边的"编辑"按钮，出现"布管系统配置"对话框。

(2) 根据图 3-62，图中有 DN50 尺寸的排污管道，而观察"布管系统配置"对话框中的尺寸，没有 DN50

图 3-67

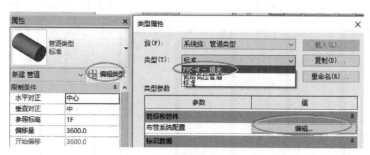

图 3-68

尺寸，则需要添加 $DN50$ 数据，如图 3-69 所示，点击"管段和尺寸"按钮。

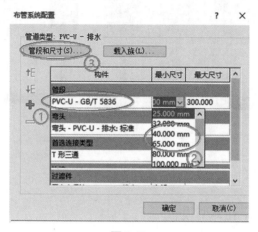

图 3-69

（3）在出现的"机械设置"对话框中，注意观察 $DN50$ 中的 ID 和 OD 数据，然后在管段选择为"PVC-U-GB/T5836"管段时添加此数据，如图 3-70 所示。

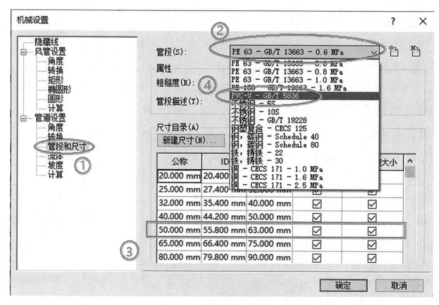

图 3-70

（4）按照图 3-71，添加 $DN50$ 的尺寸数据到"PVC -U- GB/T5836"管段中，然后观察此时"机械设置"对话框中，当前管段中添加了 $DN50$ 的相关数据。

（5）点击多个"确定"按钮，完成排污管道类型的设置。

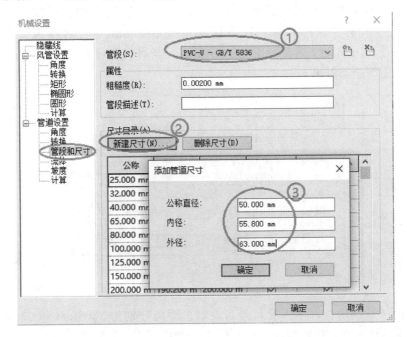

图 3-71

三、一层排水主干管道绘制

地下室层高 4000mm，考虑到后面知识点的需要，设置一层排水管道，其中心线最低点数据为 800mm 左右，坡度 1.5%（如需要其他坡度数据，可在如图 3-71 机械设置对话框中的"坡度"选项内添加），并计划按由西向东排列的三个主干排污管道，分别为 WL1-排污系统、WL2-排污系统、WL3-排污系统，先绘制第一个，后面两个可通过复制修改属性参数的方式实现，则主干管道的绘制操作如下：

1. 在 1 层楼层平面视图状态下，执行"系统"选项卡→"管道"命令，在"属性"窗口中进行相关参数的设置与选择，选择"管道类型"为"PVC-U-排水"，设置偏移量为"-800mm"，"系统类型"为"WL1-排污系统"，直径为"150mm"，其余为默认的数据，如图 3-72 所示。

2. 在"修改|放置管道"选项卡中，选择"向上坡度"，坡度值为"1.5%"，然后在绘图区的卫生间中，如图 3-26 的大致位置处，点击鼠标左键，放置排污管道的第一个点的位

图 3-72

置，绘制长度为5300mm的管道。

3. 此时，在视图区中看不到绘制的排污管道，则在1层楼层平面视图下，修改"属性"窗口中的"视图样板"为"无"，修改"视图范围"的数据，如图3-73所示。顶部偏移量设为2000mm是考虑给水管道标高为3600mm，这样在当前视图数据下，给水管道2000mm以上的水平管道不可见；底部偏移量－1000mm是考虑排污管中线标高为－800mm，加上75mm的管道半径则为－875mm，当可视深度底为－1000mm时，排污管道在当前视图下全部可见。

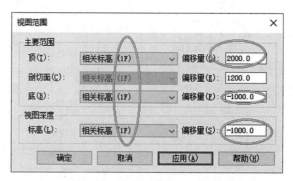

图 3-73

4. 点选刚才绘制的排污主干管，向右复制，距离分别为2300mm和3300mm，然后点选复制产生的排污管，观察数据，一个是"－800"，另一个是"－720.5"，并修改此时的管道类型参数，将两个复制产生的排污管道的系统类型由左向右分别设置为"WL2-排污系统"和"WL3-排污系统"，如图3-74所示。

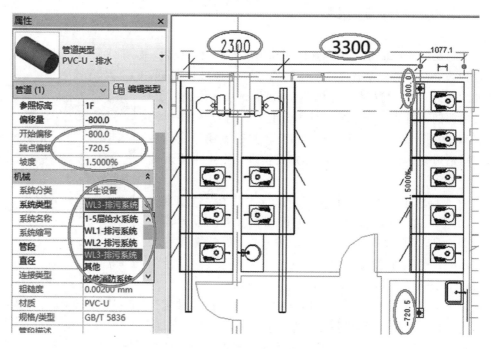

图 3-74

3-17

一层排水系统2

四、一层排水支管绘制及设备连接

连接排水主干管与蹲式便器时，要注意其操作方法与点击的次序，否则会出错。具体操作举例如下：

1. 先尝试连接 WL1-排污系统主干管与相邻的三个蹲便器

（1）设置管道的直径为 100mm，然后设置"属性"窗口中"系统类型"参数为"WL1-排污系统"，分别如图 3-75～图 3-77 所示操作，比较结果如图 3-78 所示。

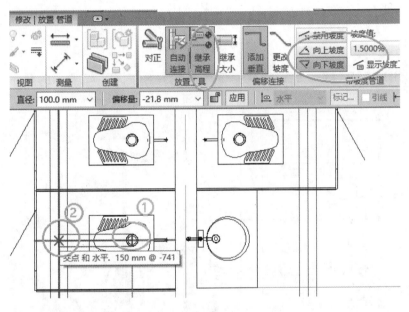

图 3-75

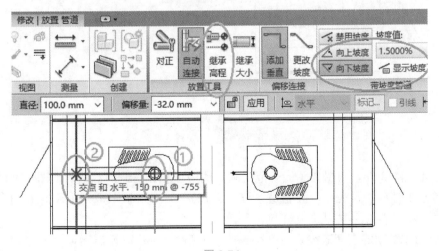

图 3-76

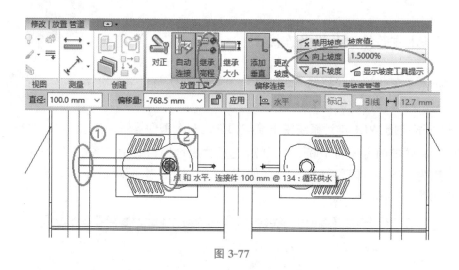

图 3-77

当然，用户还可尝试是否选择"继承高程"选择，按图 3-77 所示的顺序执行放置管道的操作。

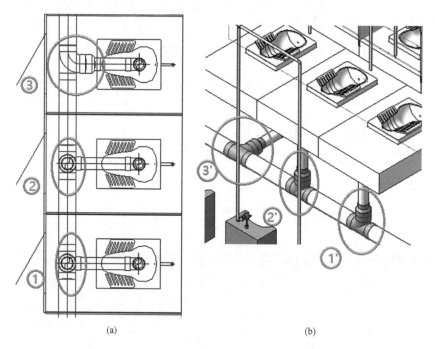

(a)　　　　　　　　(b)

图 3-78

(a) 平面效果；(b) 三维效果

(2) 比较图 3-78，根据相关的规范要求，图中 1 和 2 的结果不正确，图中 3 的结果正确。图形操作时有些偶然性，可能是系统自动识别时出现的问题，用图 3-76 的方法有时也会正确，图 3-77 所示方法一直正确。

2. 对刚才绘制的支管道按 Ctrl＋Z 撤销，重新绘制一层中所有蹲便器与各自相邻的主干管间的连接支管，注意修改属性窗口中的对应"系统类型"参数值，结果如图 3-79 和

图 3-80 所示。在绘制过程中，如出现提示信息框，其中如有"断开连接"按钮时，要点击此按钮，其原因是设备在绘制给水系统时，个别蹲便器变成了给水系统的一部分导致的。

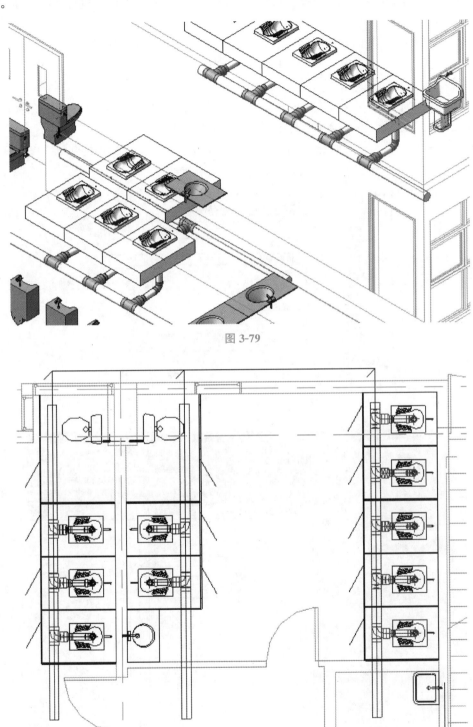

图 3-79

图 3-80

3．同样的方法，将左边的坐便器与 WL1-排污系统主干管连接。

4．对右边的坐便器执行上步相同操作时，会出现"没有足够空间"的提示信息，此时使用移动命令，将 WL2 主干管向右移动 50mm 或 100mm，然后再执行步骤 3 即可，此处不再赘述。

5．绘制左侧男小便器处的排污支管，坡度 0.7%，如图 3-62 所示。

（1）执行"管理"选项卡→"MEP 设置"→"机械设置"，打开如图 3-81 所示对话框，新增加坡度 0.7%。

（2）先从主干管道与支管连接处绘制，向上坡度为 0.7%，绘制过程中注意管径的变化，先绘制大致路径，后面绘制时再根据需要调整管道位置。

（3）绘制小便器与排污管道间的连接，如图 3-82 所示，此处使用的是"自动连接"，

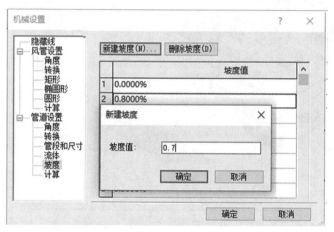

图 3-81

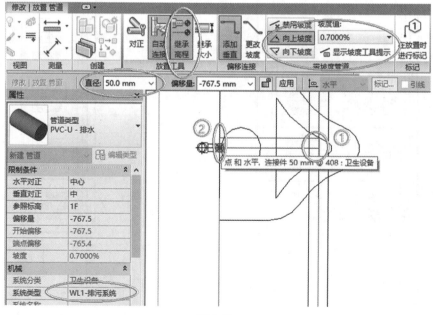

图 3-82

即系统会根据两点间设置的数据关系，自动布置管路及连接件，图 3-82 中第一点使用小便器中线延长线与管道的交点，第二点如捕捉不到，可滚动鼠标中间滚转轮缩放视图，直到捕捉到此点为止。

6. 同样方法，绘制所有管路上的洗脸盆与排污管的连接，管道直径为 DN32，绘制后的三维效果如图 3-83 所示。

7. 请学生绘制拖把池处的排水管道，坡度 1.5%，请确定管径。

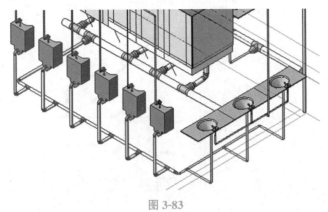

图 3-83

3-18

一层排水管模型创建

五、排污主干管立管绘制与连接

1. 按如图 3-84 所在的位置，绘制 WL1-排污系统的立管，立管底高为 −2000mm，顶高为 4000mm，管径为 150mm，绘制时在偏移量输入框中输入数字后按回车键才能确认输入，然后点击右侧的"应用"按钮即可，此处要设置"属性"窗口中的"系统类型"为"WL1-排污系统"，如果第一点的位置找不准，可通过添加辅助线的方法确定精准位置。

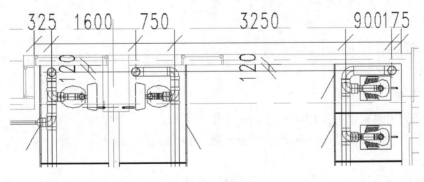

图 3-84 立管位置图

2. 复制刚才绘制的立管到另两个位置，并修改其"系统类型"参数分别对应为"WL2-排污系统"和"WL3-排污系统"。

3. 将 WL2-排污系统主干管与立管间用"禁用坡度"方式连接，即无坡度或坡度为 0。

4. 同样，将 WL3-排污系统主干管与立管间用"禁用坡度"方式连接。

5. 将 WL1-排污系统主干管与立管间用延长方式连接，如图 3-85 所示（或在平面或三维状态下使用拖曳的方式连接）。

6. 最后看一看效果，如图 3-86 所示。

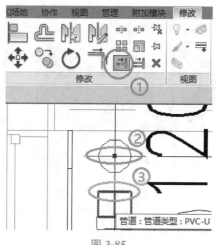

图 3-85

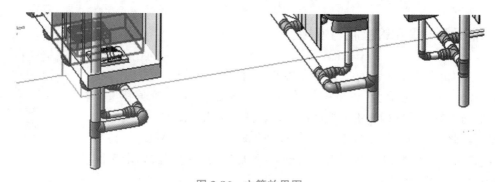

图 3-86　立管效果图

六、排水管附件添加

3-19

存水弯的放置

1. 存水弯

洗手池的出水管道处添加存水弯，其操作方法如下：

（1）进入三维视图状态，调整到能便于观察和操作洗手池处出水管道的视点。

（2）选中洗手池出水立管，执行"修改"选项卡中的"拆分图元"命令，用小刀形状的鼠标在洗手池出水立管上点击一下，实现立管的拆分，会出现一个直通的连接短管（短接头），如图 3-87（a）所示。

（3）选中拆分后下部的立管，拖曳管道的特征点，如图 3-87（b）所示。

（4）删除刚才的短接头，然后执行"系统"选项卡→"管件"命令，在出现的新选项

卡 "修改 | 放置管件" 中，执行 "载入族" 命令，加载提供的素材 "S 型存水弯- PVC-U-排水" 族，再将鼠标移动到要插入 S 弯的连接立管处，会自动识别连接的管道端点及垂直方向，如图 3-87（c）所示。

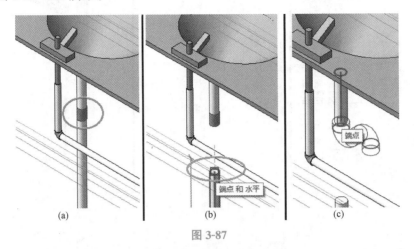

图 3-87

（5）点选刚才插入的存水弯，其周围会出现旋转的标记符号，点此标识旋转存水弯到需要的方位，如图 3-88（a）所示。

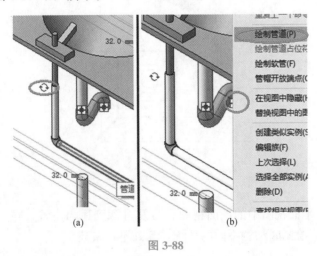

图 3-88

（6）此时若在存水弯的端点处按鼠标右键，如图 3-88（b）所示，可能会不能绘制垂直管道，则可通过在一层平面视图中适当位置绘制剖面线的方式（图 3-89a），然后再双击 "项目浏览器" 窗口中的 "剖面 1" 进入剖面视图（图 3-89b），在该视图中，调整下面绘图区状态选项中的 "详细程度" 为 "精细"、"视觉样式" 为 "真实"，再绘制管道方式来绘制一小段垂直管道（图 3-89c）。

（7）使用对齐命令，将图 3-89（c）中的 "2 管道" 向 "1 管道" 对齐。

（8）使用拖曳的方式，将对齐后的两个管道端点重叠，使它们合并变成一段管道。

（9）使用移动命令调整存水弯的高度位置，要求存水弯上端口离地面 400mm（此操作中要添加辅助线），如图 3-90 所示。

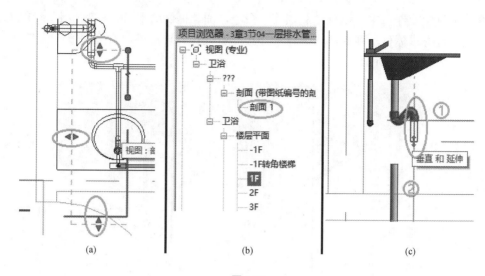

(a)　　　　　　　　　　(b)　　　　　　　　　　(c)

图 3-89

图 3-90

（10）移动一层平面视图中的剖面视图符号及进深到适当位置，在其他洗手池处绘制存水弯，方法同上，绘制时注意不同的系统，此处不再赘述。

2. 地漏

3-20

地漏和清扫口的连接

依据图 3-62 中地漏所在的位置，放置地漏，并连接相应的排污管道，操作过程举例如下：

（1）执行"系统"选项卡→"管路附件"命令，加载地漏族，选择 50mm 的型号，按"放置在面上"放置地漏到图中适当的位置。

（2）绘制管道，方法与前面的管道连接方式相同，细节如图 3-91 所示。

（3）对左侧男卫生间的地漏，如果排污管道位置导致地漏间无法连接，可适当绘制辅助线后，将洗手池的排污管道对齐移动，腾出位置可放置地漏与排污管道间的连接件，如图 3-91 所示。

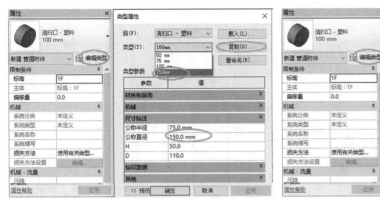

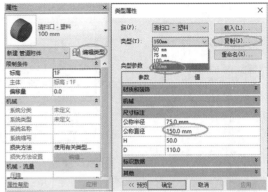

图 3-91　　　　　　　　　　　　　　　　图 3-92

3. 清扫口

加载提供的清扫口族，复制产生 150mm 类型，修改直径为 150mm，如图 3-92 所示，点击"确定"按钮后，点取图中要放置清扫口的排污管口位置，Revit 软件提供了自动识别功能，放置后，再次点取各个清扫口，观看"属性"窗口中的"系统类型"参数是否正确。

3.4　二层给水排水系统建模实操

一、图形尺寸数据

图 3-93　二层卫生设备布置图

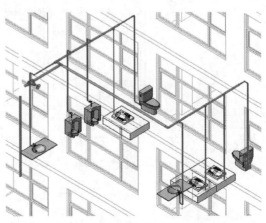

图 3-94　二层给水管道系统图

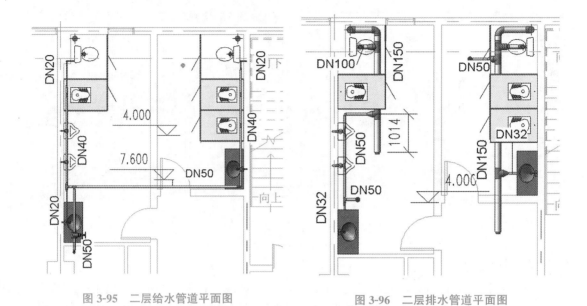

图 3-95　二层给水管道平面图　　　　　　　　　图 3-96　二层排水管道平面图

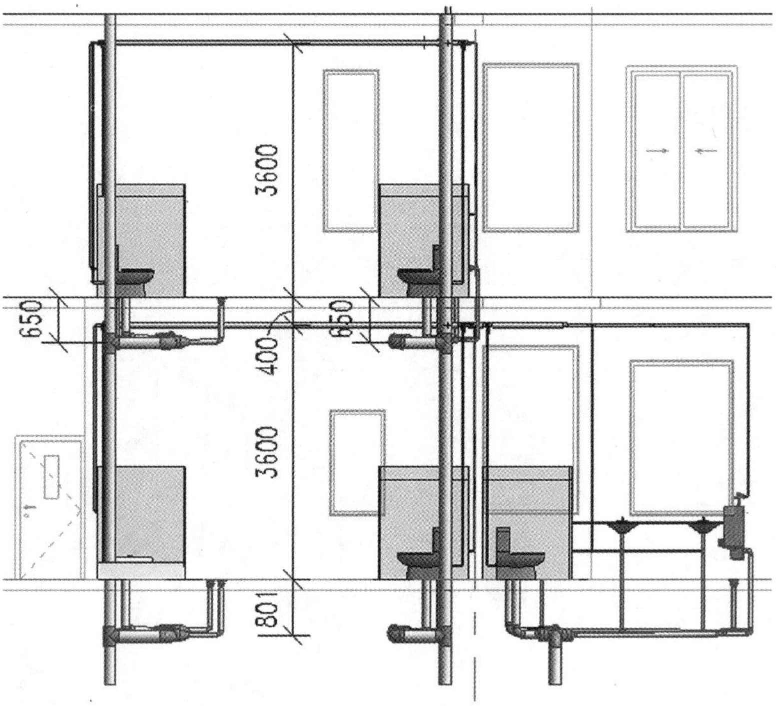

图 3-97　一、二层给水排水管道—北立面图

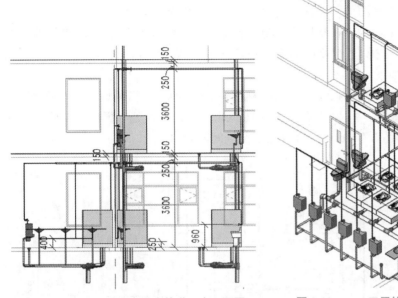

图 3-98　一、二层给水排水管道—南立面图　　　　图 3-99　一、二层给水排水管道立体效果图

3-21

二层卫生器具
布置

二、二层设备的布置

1. 确定一层和二层中的相同设备，然后在一层中的右侧卫生间中，选择坐便器、蹲便器、卫生间隔断这些卫生设备（按住 Ctrl 键不放，点取图元），选择后执行新出现的"修改│卫浴装置"选项卡左侧"剪贴板"选项中的"复制"命令，再执行"剪贴板"选项中的"粘贴"的下拉三角，选择其中的"与选定的标高对齐"或"与选定的视图对齐"（这两个选项只会出现一个可选，另一个为灰色，它们为互锁选择状态），如图 3-100 所示，在新出现的对话框中选择"2F"。

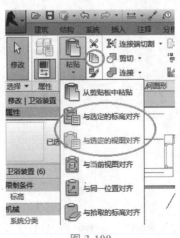

图 3-100

2. 双击"项目浏览器"窗口中的"2F"楼层平面，打开二层楼层平面视图，可见到刚才粘贴的图元。

3. 调整二层楼层平面视图的"属性"窗口中的"视图样板"为"无"。

4. 设置视图区中最下面的"视觉样式"为"真实"、"详细程度"为"精细"，观察此时复制过来的图元，并对它们进行修改编辑操作，产生如图 3-93 所示的结果，对坐便器处的卫生间隔断的操作如下：

（1）点取坐便器处带门的卫生间隔断，出现临时标注，点取此临时标注尺寸的"移动尺寸界限"拖曳点（图 3-101a），将其移动到 3-101（b）所在位置处，再修改其临时标注的尺寸数据为"1300"（图 3-101c），从而移动了卫生间隔断的位置。

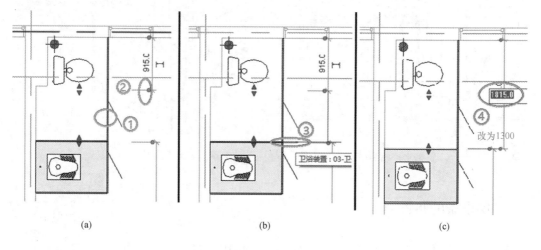

图 3-101

（2）修改坐便器处另一卫生间隔断图元的长度，如图 3-102 所示，按住拉伸拖曳点，由"位置 1"移动到"位置 2"。

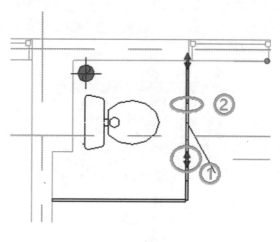

图 3-102

二层中其余卫生设备的布置与操作留给学生自己练习。

三、二层给水管道的绘制

3-22

二层给水管道
的绘制

1. 在一层中（三维视图或平面视图下），按住 Ctrl 键不放，再用鼠标左键点取管径 DN50 管道和如图 3-95 所示的两个卫生间中 DN40 的一段给水管道，然后执行"剪贴板"中的"复制"命令和"粘贴"下的"与选定的标高对齐"或"与选定的视图对齐"命令，将其复制到二层楼层平面中，结果如图 3-103 所示。

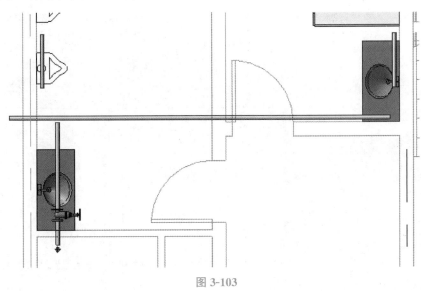

图 3-103

2. 对二层的给水管道进行相应的绘制操作，多数操作方法与 3.2 节的内容相同，此处对易出现问题的蹲便器处给水管道给出过程：

（1）如果使用图 3-53 所示方法，会出现错误并要求"断开链接"的提示，如果点击"断开链接"，进入三维中观察，会看到如图 3-104 所示的结果，而这不是所需要的，要撤销回退到上一步。

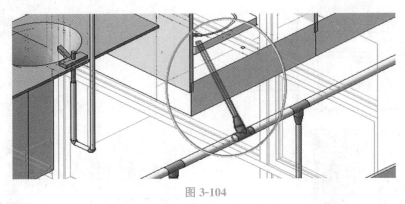

图 3-104

（2）将捕捉点适当偏移开蹲便器族提供的端点，如图 3-105 所示的点 1 位置，在垂直空间中绘制一段长 2100mm 的给水立管，图中输入"1500"后，一定要按回车键，再点击"应用"按钮。

（3）在 2F 平面视图中，绘制剖面图，如图 3-106 所示。

（4）进入剖面图中，如图 3-107 所示，将刚才绘制的给水立管与蹲便器垂直中线对齐，然后再将给水立管的最下端点延长到蹲便器的给水连接端点。

3. 其余给水管道留给学生练习，最后的结果如图 3-94 和图 3-95 所示。

4. 注意：此时 2F 给水管道可以连接成一个整体，但还没与一层处的总给水立管连接，如图 3-94 所示。

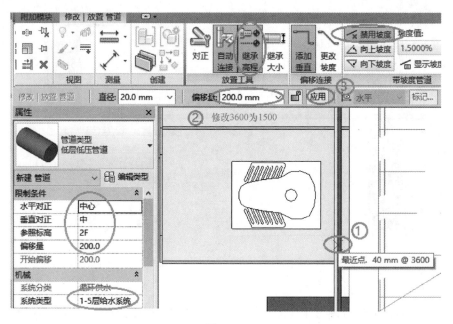

图 3-105

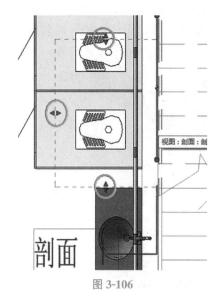

图 3-106

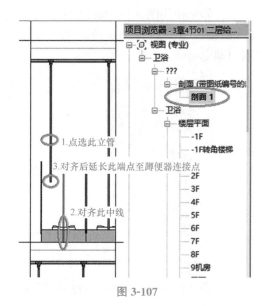

图 3-107

四、二层排水管道的绘制

1. 使用前面的复制粘贴方法，在三维视图中，将一层排水管道中的"WL2-排污系统"全部复制到二层楼层中。

2. 同样的方法，将"WL3-排污系统"也复制到二层楼层中。

3. 进入到北立面视图中，并设置"视图样式"为"真实"、"详细程度"为"精细"。

4. 在二层楼层中，可以看到的排水水平管中线与二层楼层板上面层间标注尺寸，如图 3-108（a）所示。

5. 点取最外边的（北面的）水平排水管道，此时标注的数据可以修改，输入"650"后按回车键，如图 3-108（b）所示，此时会看到整个系统的其他位置的高度也发生了相应的变化。

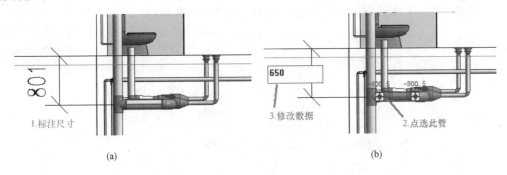

图 3-108

6. 同样的方法，修改另一个排污管道的最底端中心水平线的高度，结果如图 3-97 所示。

7. 进入二层楼层平面视图，修改视图范围中的"底"偏移量和"视图深度"的标高偏移量为"-700"（考虑排水管道中线标高数据为二层楼板上面层之下 650mm，故此数据应不小于 650mm 深度）。

8. 此时的排水支管不是我们所需要的，删除不需要的排水支管，按前面绘制排污管道的方法绘制。

注意：

（1）图 3-96 中男小便器支管的坡度为 0.7%，其余支管的坡度还是 1.5%。

（2）图 3-96 左侧男卫生间中洗手池出水口中点与排水管道中线在同一平面上。

（3）这两层中的两个排污系统立管没有与一层的对应排污立管连接成一个整体。

五、添加给排水管道附件

1. 添加蹲便器立管处的水龙头

2. 添加两个卫生间的地漏

3. 添加洗手池处的存水弯

4. 添加排污主干管的清扫口

此处添加方法与 3.2 节的 3.3 节的相关内容方法相同，只是男卫生间的洗手池下的存水弯与排水管道在同一平面，此处留给学生自己练习。

3.5 其他层给水排水系统模型复制与修改

其他各楼层中的卫生设备布置、排污管道与 2F 相同，给水系统中 2F～5F 相同，6F～8F 系统为高压给水系统，主干管道位置不同，各给水支管与 2F 的相同。

一、卫生设备与排水系统的复制与修改

3-24

其他楼层排水
系统的创建

1. 在 2F 楼层平面视图中，设置视图范围如图 3-109 所示。

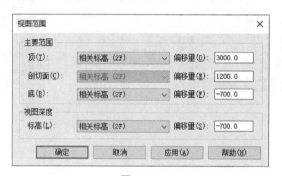

图 3-109

2. 使用 Tab 键，选中 2F 楼层平面当前视图中给水系统的所有管路，然后点击"临时隐藏/隔离"，在出现的菜单选项中，点击"隐藏图元"选项，此时当前楼层中的给水管路全部隐藏。

3. 按住 Ctrl 键不放，使用点选方式，选中当前楼层平面中的全部卫生设备，然后执行"剪贴板"中的"复制到剪贴板"命令，再接着执行"粘贴"下拉菜单选项中的"与选定的标高对齐"（或"与选定的视图对齐"，这两个选项只出现一个可操作）命令，在出现的对话框中，选择"3F"至"8F"楼层后，点击"确定"按钮，完成复制，屏幕左下角会显示进度条。

4. 同样，多次 Tab 键，选中 2F 中的"WL2-排污系统"的全部管路，复制到 3F～8F 中。

5. 同样方法，复制 2F 中的"WL3-排污系统"的全部管路到 3F～8F 中。

6. 将两相邻楼层的排水立管合并

（1）在三维视图中，修改排水立管的高程数据，先选择下层的立管，再修改此立管上端的数据，如图 3-110（a）所示，此时的结果如图 3-110（b）所示。

（2）选择上面一层的立管，按住其端点不放，向下拖动到下面的立管上面时，按 Tab

键切换到出现端点（或管道连接点）时松开鼠标，则会将上下两立管合并为一个立管，如图 3-110（c）所示。操作熟练后可直接执行步骤（2）即可实现两相邻立管的连接。

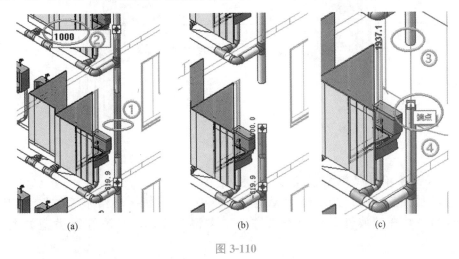

(a) (b) (c)

图 3-110

7. 在三维视图下修改"WL1-排污系统"的立管，将其变为弯头向下排水管道。

8. 在三维视图下，按 Tab 键切换，选择"WL2-排污系统"的全部管道，观察此时的"属性"窗口中的参数"系统名称"为空白，这是因为各楼层的名称虽然相同，但各卫生设备会不同，例如小便器一部分属于卫生设备，另一部分可能在管道连接时变成了循环供水设备。此时，将整个管道系统的名称调整为一致，操作方法如下：

（1）打开"视图"选项卡右边的"用户界面"中的"系统浏览器"窗口，删除想要修改的系统对应的所有内容，如删除"WL2-排污系统"下的所有内容。

（2）选择该系统三维图形中的最下面的立管，将其分割后删除最下面的管段，留下直管连接件。

（3）在直管连接件上按鼠标右键，在出现的浮云菜单中，选择"绘制管道"命令，绘制立管后，将此立管"属性"窗口中"系统类型"参数内容修改为"WL2-排污系统"，则与之相连接的管道全部变为"WL2-排污系统"，但与之连接的部分设备不一定会随之改变系统名称。

二、给水系统的复制与修改

由于不同的楼层净高不同，导致给水系统在天花板内管段中心线的标高不同，另 6F～8F 为高压给水管道，其管道类型中的压力值与 1F～5F 的不同。

1. 在北立面视图中，可观看到各楼层平面所对应的标高数据。

2. 在北立面视图中，将鼠标放到 2F 给水管道的某一管段上，按 Tab 键选中 2F 给水系统管道的全部后，按"剪贴板"中的"复制"，并将其粘贴到 3F 和 4F 楼层中。

3. 修改 4F 给水管道最上面的标高，修改方法类同图 3-108 所示，其数据如图 3-111 所示。

3-25

其他楼层给水系统的创建

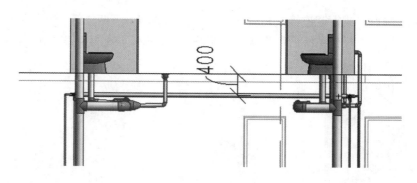

图 3-111

4. 将 4F 中的给水管道系统复制到 5F 和 6F 中。

5. 在项目浏览器窗口中，在"管道系统"中添加"6-8 层给水系统"，然后执行绘制管道命令，在"属性"窗口点击"编辑类型"按钮，修改管道类型如图 3-112 所示。

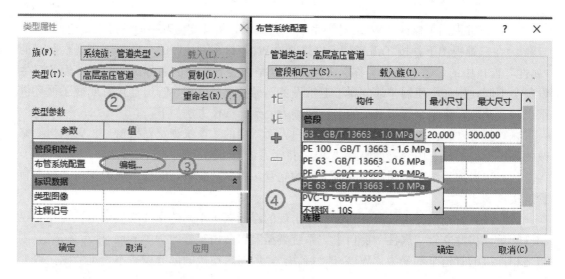

图 3-112

6. 进入到 6F 楼层平面视图中，修改当前"属性"窗口中的"视图样板"为"无"，并设置"视觉样式"为"真实"、"详细程度"为"精细"，此时可见到部分图形如图 3-113 所示，修改此层楼给水系统的"系统类型"为"6-8 层给水系统"，修改方法与本节排水系统的修改方法类同。

7. 如图 3-113 所示，将有球阀的主干管向右移动 400mm，此处借助于辅助线，然后使用"对齐"命令实现。

8. 将 6F 楼层给水系统管道复制到 7F 和 8F 楼层。

9. 绘制给水高压立管，或复制 1F 中的低压给水主干立管，修改其"管道类型"及"系统类型"，并从此修改高度参数。同样修改低压立管的高度数据。

10. 将各层带有球阀的给水主干管与对应的立管相连接（建议在三维视角下连接）。

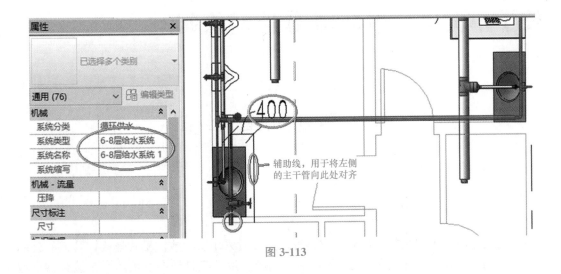

图 3-113

三、其他附件的添加与细部修改

　　从整个系统实际情况讲，还需要对排污管的顶层高度修改，添加诸如排污管顶部通气帽、给水管的放水检测装置、吸气阀等附件，对底部给水和排水管道与建筑物外部相关位置或设备的连接，由于本教材只注重系统的建模绘制方法，对这些附件没有深究，感兴趣的学生可通过参考专业 CAD 图形修改数据、添加附件。

教学单元4   消防喷淋管网绘制

4.1   消防系统管网绘制

一、消防管网基本知识

消防给水管一般采用热浸内外镀锌钢管，连接时采用法兰或沟槽式连接，管道的公称压力一般为1.0MPa。当建筑物超过五层时，消防管道在室外还会有消防水泵接合器（包括接口本体、上回阀、安全阀、闸阀组成的一个整体），通过结合器的供水管与室内消火栓给水管相连。

放置室内消火栓设备的箱体，又可根据其大小分为消防柜和室内消火栓箱两种，本教材中只使用室内消火栓箱。另外，还有试验消火栓，其内部有压力表和消火栓头两个设备。

室内消火栓设备的内扣式接口的球形阀式水龙头有DN50和DN65两种规格。室内消防给水管管径通常有DN100、DN80和DN65等，本教材讲授使用的是管径DN65的室内消火栓，使用的给水管径为：－1F中与消防水泵及水泵结合器连接的供水管径为DN150，遇第一个分支后，所有主干管为DN100，与消火栓连接的或末端管道的管径均为DN65。

本教学单元图形中使用的一些阀门没有按照专业图形中的要求使用，只起示意性。具体专业性的阀门种类及规格，请参考相关的专业图集或相应的规范要求。

二、消防管道图形

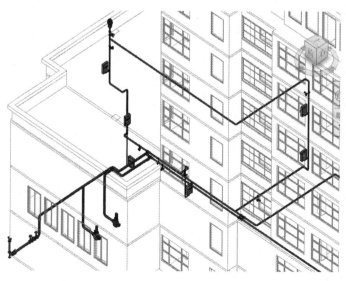

图4-1   地下室－1F～2F消防给水管道立体图（行政楼西侧）

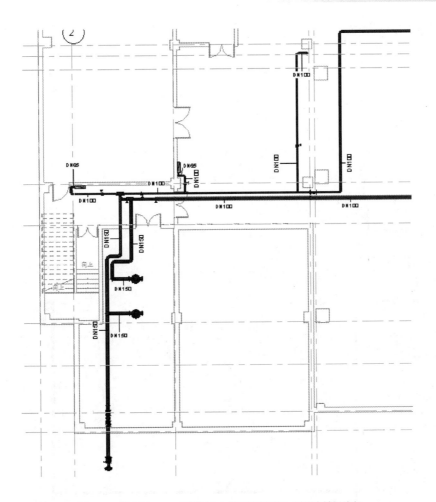

图 4-2 地下室—1F消防给水管道平面图（行政楼西侧）

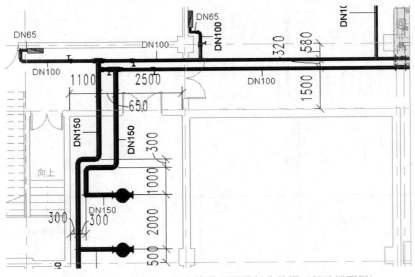

图 4-3 地下室—1F消防给水管道平面图部分数据（行政楼西侧）

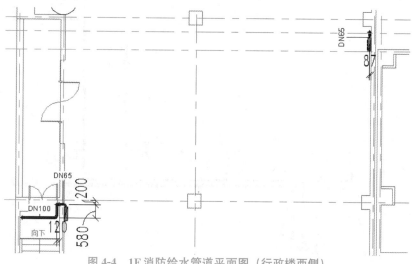

图 4-4　1F 消防给水管道平面图（行政楼西侧）

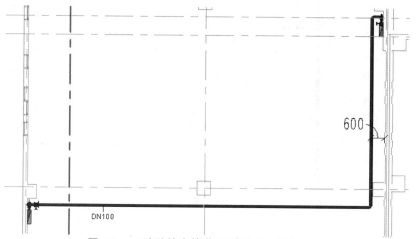

图 4-5　2F 消防给水管道平面图（行政楼西侧）

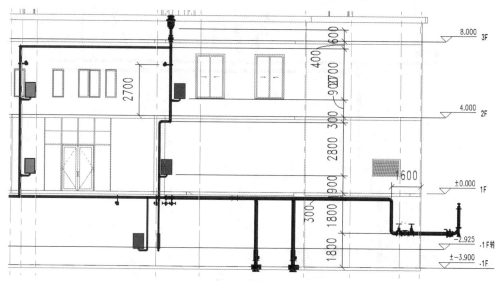

图 4-6　—1F~2F 消防给水管道西立面图（行政楼西侧）

三、消火栓箱布置

依据图 4-1～图 4-6，布置－1F～2F 每个楼层平面中的两个消火栓，共六个。消火栓族请读者插入提供的下部中间单口连接管道的消火栓族，它们均贴墙面安装，底高 900mm，垂直墙面上的大致水平位置即可。

消防系统管网的绘制

四、消火栓系统设置及消防给水管道配置

1. 设置系统

（1）在"项目浏览器"窗口→"族"→"管道系统"→"管道系统"中，复制"其他消防系统"，并重命名为"消防给水系统"。

（2）在"项目浏览器窗口"中的"消防给水系统"上按鼠标右键，在弹出的浮动菜单中点击"类型属性"项，在出现的"类型属性"对话框中，修改"材质"参数为"红色油漆"（新建材质命名为"红色油漆"，并修改外观颜色为红色）。

2. 设置消防管道类型

执行"系统"选项卡→"管道"命令，然后"属性"窗口中，点击"编辑类型"，在出现的"类型属性"对话框中，复制"标准"类型管道，并命名为"消防给水系统材质"，再点击其中的"布管系统配置"参数右边的"编辑"按钮，修改"管段"参数为"钢，碳钢-Schedule 80"，最大尺寸为"150"，如图 4-7 所示。

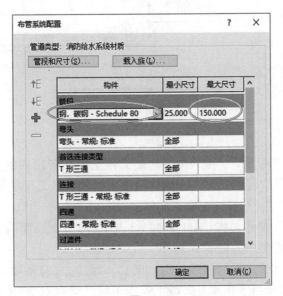

图 4-7

通过上面的设置，可以观看到"项目浏览器"中系统右键上浮动菜单设置的"类型属性"与属性窗口中的"类型属性"出现两个相似的对话框，尽管对话框名相同，但其设置

并不相同，前一个通常设置外观颜色等外观属性，后一个设置材质属性。

如果与过滤器中颜色设置相结合，会考虑到颜色显示优先级。通常使用过滤器设置时按先后次序显示颜色，在前的优先显示。

当出现过滤器、材质及"分析"选项卡中"颜色填充图例"三个颜色设置时，其优先级排列为：过滤器＞材质＞"分析"选项卡中"颜色填充图例"。

五、行政楼西侧-1F～2F楼层的管道布置

布置管道的顺序通常是按水流方向，先主干管，后分支管，按水流方向分段完成，然后再添加管路附件及机械设备。

执行过程：

1. 在－1F楼层平面视图下，执行"插入"选项卡→"链接CAD"命令，选择提供的"消防01-地下一层消火栓总管平面图.dwg"CAD文件，定位使用"自动-原点到原点"方式。

2. 点击插入的CAD链接文件，使用标注方式测量左上角的标注，测量轴线1与轴线3之间的实际尺寸，如图4-8所示，两者数据不相同。

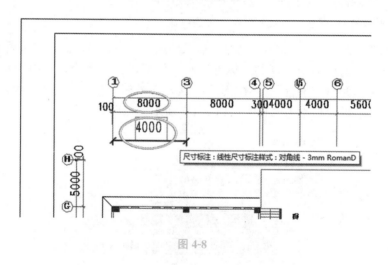

图4-8

3. 删除刚才标注的数据，点击CAD链接文件上，在新出现的选项卡中，执行"解锁"命令，紧接着执行"缩放"命令，使得轴线1与轴线3之间的实际数据与原来CAD中标注的数据相同。

4. 再执行"对齐"命令，将CAD图轴线1与Revit建筑模型的轴线1对齐，CAD图中的轴线A与Revit模型中的轴线A对齐。

5. 虽然《建筑给水排水设计标准》GB 50015—2019、《自动喷水灭火系统设计规范》GB 50084—2017、《建筑给水排水及采暖工程施工质量验收规范》GB 50242—2002、《自动喷水灭火施工及验收规范》GB 50261—2017四个国标，没有具体明确的规定消防规范中管道与结构梁间距，未明确给出数据，但根据《自动喷水灭火施工及验收规范》GB 50261—2017表5.1.14中关于管道的中心线与梁、柱、楼板最小距离（mm）要求：

公称直径	25	32	40	50	70	80	100	125	150	200	250	300
距离	40	40	50	60	70	80	100	125	150	200	250	300

则依据此要求，结合图 4-1～图 4-6，消防管道中心线距结构底面间距为 150mm。按楼板 150mm、梁高 600mm 计，则当层高为 4000mm 时，应安装消防管道中心线应为 3100mm。

此处不考虑梁的因素，按消防管道 DN150 中心线距上层楼板下表面 150mm 计，楼板厚取 150mm，则图 4-6 中标注的 "300" 可以得到。

6. 依据图 4-1～图 4-6、CAD 底图和相关的规范要求，绘制消防给水管道，此处只给出部分示例：

（1）在 1F 楼层平面中，依据 CAD 底图，绘制主干消防管道，立管高度数据可多一些，最后再删除。

（2）进入到立体视图，修改立管，如图 4-9 所示。

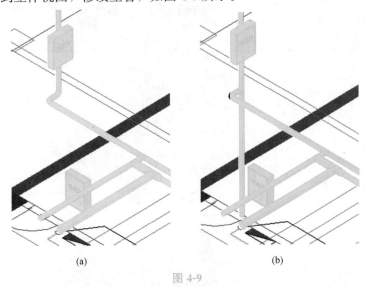

图 4-9

（a）原图；（b）立管修改后

（3）绘制立管与消火栓间的连接管道，管径 DN65，先在 −1F 平面中使用移动命令将立管中心点垂直移动到与辅助线交叉处点上，如图 4-10 所示。

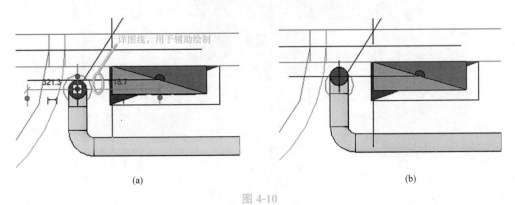

图 4-10

（a）立管移动前；（b）立管移动后

（4）在三维视图中，绘制消火栓与立管间的 $DN65$ 的连接管道，先选中消火栓，在连接点处按鼠标右键后，执行浮动菜单中的"绘制管道"，再绘制垂直的一段立管，并修改偏移量为"800"，在主干立管选择时，可按 Tab 键切换选中，如图 4-11 所示。

（5）此时新绘制的连接管道的系统类型是"循环供水"，不是"消防给水系统"，要修改其系统类型，则打开"视图"选项卡→"用户界面"→"系统浏览器"，删除其中的"循环供水"下的分系统，如图 4-12 所示，删除后，连接管的系统类型参数立即会转变为"消防给水系统"（因此处除了"循环供水"系统外，只有"消防给水系统"，如果有多个系统，则要求用户选择适当的系统类型）。

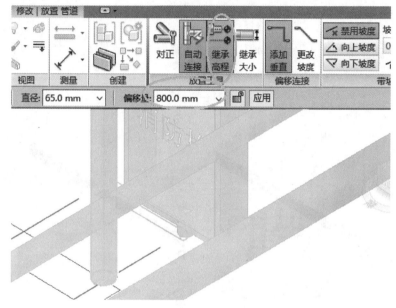

图 4-11

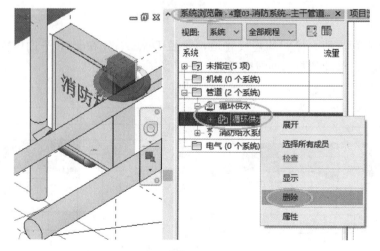

图 4-12

（6）删除立管下面的多余部位，将三通改为弯头。

（7）此处也可使用先确定高度偏移量"800"后，在未继承高程状态下，先从主干管道绘制，再利用对象追踪方法，捕捉到消火栓的对象连接点（如鼠标直接捕捉不到，可按Tab键切换捕捉）实现，此种方法相对更快速简捷。

7. 将刚才－1F中加载的CAD图形解锁删除，进入到1F楼层平面，加载"消防02-一层消火栓平面图.dwg"文件，使用前面讲述的方法，依据图4-1、图4-4和图4-6绘制相应的消防给水管道。

8. 其余左侧的2F消防给水管道请学生自己根据图4-1～图4-6绘制，注意要适当调整管道的水平位置（在楼层平面中操作）或垂直位置上的高度（在立面或剖面中操作）。

9. 添加消防给水管道附件，注意调整方位，使得管道附件与墙体间有一定的间隔，且便利于操作人员开关阀门操作。

（1）从提供的素材中，加载管道附件"蝶阀-65-300mm-法兰式-消防.rfa"族文件，然后在－1F楼层中的两主干进管之间插入该族（注意选择150mm类型）。

（2）点选已插入的该蝶阀，会出现如图4-13（a）所示的"旋转"和"翻转"的操作柄，点击这两个操作柄，使得该蝶阀旋转到需要的方位，如图4-13（b）所示。

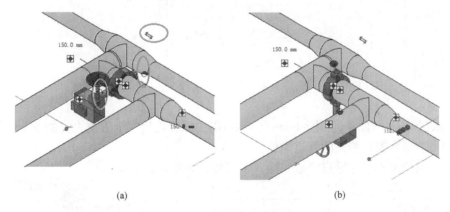

(a)   (b)

图 4-13

(a) 翻转和旋转操作柄；(b) 目标方位

（3）同理，在管路中相应位置插入其他蝶阀，注意公称直径的变化和高度位置数据，如图4-6所示。

（4）载入管件族"金属波纹管-长400mm-DN100.rfa"，在－1F楼层平面轴线4和轴线5之间的主干管道上插入金属波纹管管件，注意修改偏移量为3600mm，如图4-14所示。

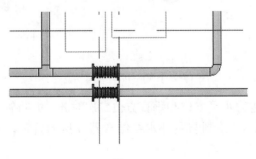

图 4-14

（5）切换到西立面，修改 2F 处的立管，如图 4-15 所示。

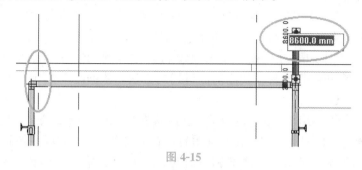

图 4-15

（6）在高度为 8600mm 的立管处，插入闸阀和排气阀，如图 4-16 所示。

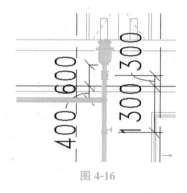

图 4-16

10. 依据图 4-1～图 4-3 和图 4-6，在 CAD 图中添加起始主干管道之前的主干管道、两个水泵和消防结合器及相关的管道附件。

（1）大致绘制水平和垂直管道，插入水泵族，如图 4-17 所示。

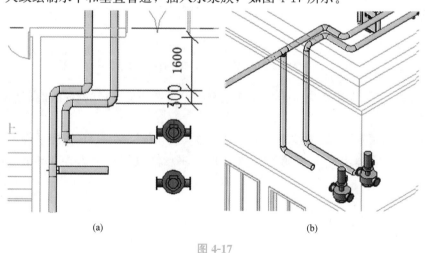

(a)   (b)

图 4-17

(a) 平面；(b) 三维效果

（2）对管道及水泵进行水平方位和垂直方位二次对齐，并将管道与水泵连接。

（3）按图 4-1 和图 4-6，绘制与室外水泵结合器连接的管道，并插入相关附件，注意修改止回阀的公称直径。

（4）在一层楼层平面插入"08 水泵接合器-B 型-地下式 . rfa"族，然后二次对齐（水平方位和垂直方位）到管道处并连接。

（5）调整相应设备的位置，使得其位置数据如图 4-18 所示。

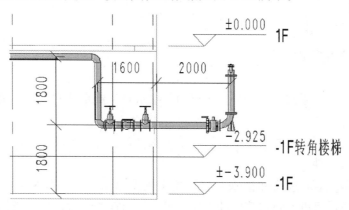

图 4-18

六、行政楼其他位置的消防管网

绘制方法与前面的相同，并已提供了 CAD 平面图形，此处留给学生自己练习，不再赘述，具体可参考完整消防系统，如图 4-19 所示。

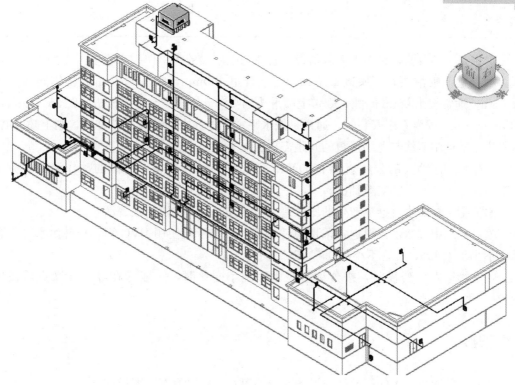

图 4-19

4.2 喷淋系统

一、喷淋系统管网基本知识

喷淋系统是消防水系统的一部分，主要由供水水泵、供水管网、末端喷淋设备、管路附件等组成。

喷淋系统的供水管网主要由主干立管、主干水平管、支管组成，管网中通常有水流指示器、信号蝶阀等附件。

末端喷淋设备主要是喷头和试水装置。喷头根据喷水方向，分为上喷淋头和下喷淋头。试水装置一方面可以反映水管中的水压；另一方面在放水时，还会反馈喷水信号给消防控制室。

根据《自动喷水灭火施工及验收规范》GB 50261—2017 表 5.1.14 中关于管道的中心线与梁、柱、楼板的最小距离（mm）要求：

公称直径	25	32	40	50	70	80	100	125	150	200	250	300
距离	40	40	50	60	70	80	100	125	150	200	250	300

如果是下喷淋头，则按上表取值设置管道与上层梁的间距作为水平主干管的中线线位置；如果是上喷淋头，喷头高 50mm，连接管道 100mm，喷头与上面的物体间隙至少100mm，通常按150mm间隙，则带上喷淋头的喷淋支管至少与上层楼板间距250mm，通常取 300mm。喷淋系统安装时，通常是按水平主干管的中心线作为基准线，则上喷淋时，水平主干管的中心线与上层楼板的间距需再加上半个公称直径。

上喷头和下喷头的公称直径有 DN15 和 DN20 两种规格，它们的动作温度又分成57℃、68℃、79℃、93℃等档次。

水流指示器靠水流推动产生的压力差来指示方向，同时发出报警信号。

喷淋系统中的给水管道通常采用镀锌钢管，排水管道使用 PVC 管。喷淋给水主干管承压不小于1MPa，支管不小于 0.5MPa。

喷淋管道发生变径时，按公称直径由大到小变化时，一般是在经过交叉点后发生变径。

二、图形

本教学单元以提供的行政楼喷淋图形中的第八、九层为例，图形如下：

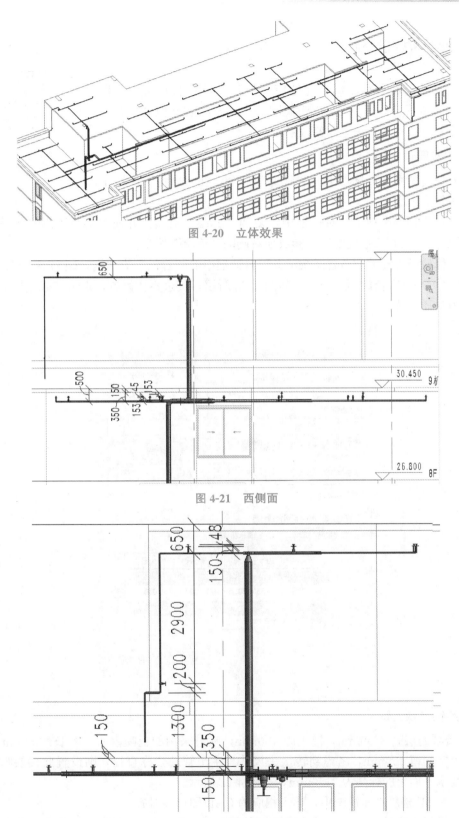

图 4-20　立体效果

图 4-21　西侧面

图 4-22　南侧面（局部）

三、喷淋系统管道绘制

与前面的绘制过程不同，此处使用另一个绘制程序方法，即：（1）设置管道材质；（2）绘制末端支管；（3）绘制其他分支管道；（4）主干管连接；（5）设置与修改系统。

喷淋系统管道
的绘制

1. 设置管道材质

（1）执行"系统"选项卡→"管道"命令，在"属性"窗口中，点击"编辑类型"。

（2）在出现的类型属性对话框中，复制"标准"类型，并命名为"喷淋系统管道材质"，然后点击"布管系统配置"参数项右侧的"编辑"按钮。

（3）修改新出现的"布管系统配置"对话框中的"管段"为"钢，碳钢 Schedule 80"材质，"最大尺寸"修改为"150"，如图 4-23 所示，其余不作修改，点击"确定"后完成喷淋管道材质设置。

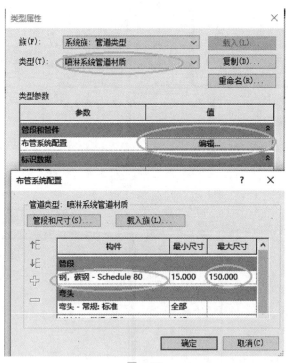

图 4-23

2. 绘制末端支管

8F 楼层的层高 3650mm，楼板厚 150mm，喷淋采用的上喷淋头，其长约 50mm，上喷淋头上空间留 150mm，考虑到转接头尺寸、主干管的公称直径，则设置此楼层喷淋管道中心线水平面上的标高为 3150mm，如图 4-22 所示。

（1）在 8F 楼层平面视图中，插入相应的 CAD 图形并对齐。

（2）设置偏移量 3150mm 后，按不同的管径，绘制管道，如图 4-24 所示，此时系统类型为默认的"循环供水"。

（3）加载上喷淋族，偏移量设置为 3300mm，然后按 CAD 图的位置放置上喷淋头，如图 4-24 所示。

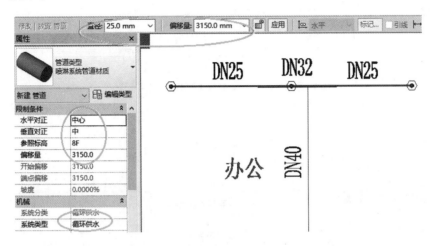

图 4-24

（4）点选上喷淋头，会出现"修改｜喷头"选项卡，执行其中的"连接到"命令，再点击喷头需要连接的最近的管段，如图 4-25 所示，如不能连接（图 4-26），要通过对齐命令或移动命令调整喷淋头与管道间位置。

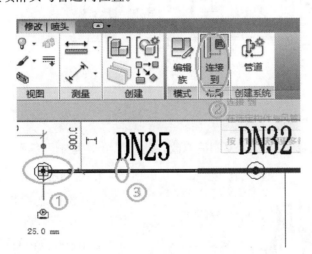

图 4-25

（5）同理，将其他喷头与最近的管段连接。

（6）鼠标放在刚才绘制的管道上，按 Tab 键，选中该段全部，接着执行多个复制命令，复制到该 CAD 底图中的其他相同位置，个别地方可能要作简单修改。

（7）依据 CAD 底图，绘制分支管之间连接的管道，注意不同管径的变化位置，结果如图 4-27 所示。

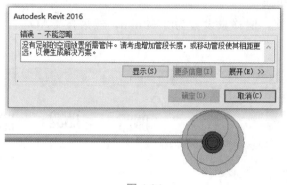

图 4-26

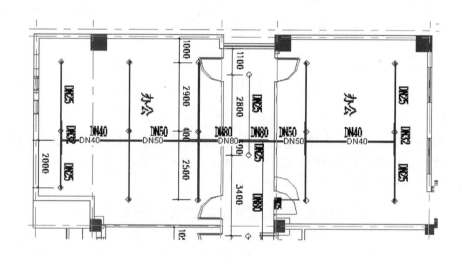

图 4-27

3. 绘制其他分支管道

如相同或相似，要采取多个复制后修改，此处留给学生自己练习。

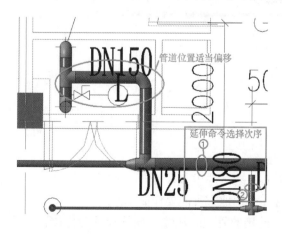

图 4-28

4. 绘制主干管道及附件

（1）绘制立管和水平管道，绘制时由于管件接头影响，绘制时要在 CAD 底图之上作一些位置偏移，如图 4-28 所示。

（2）将各支管与主干管连接，如图 4-28 所示。

（3）添加管路中的闸阀、流量计、试水水龙头等附件，注意调整方向，不要碰撞到墙体或影响到附件操作。

5. 设置与修改系统

（1）执行"视图"选项卡→"用户界

面"→"系统浏览器"，打开"系统浏览器"窗口。

（2）如图4-29所示，将其中"循环供水"下的
几个子系统全部删除。

（3）在"项目浏览器"窗口，打开"族"→"管
道系统"→"管道系统"，对其中的"循环供水"项复
制，并对新复制的重命名为"喷淋系统"。

（4）在刚才修改的"喷淋系统"上按鼠标右键，
选择新出现的浮动菜单中的"类型属性"选项，修
改材质，新添加"红色油漆"材质，并设置外观为
红色。

（5）执行"系统"选项卡→"管道"，在"属性"
窗口中，确定管道类型为前面设置的"喷淋系统管
道材质"，"系统类型"参数为"喷淋系统"，然后在

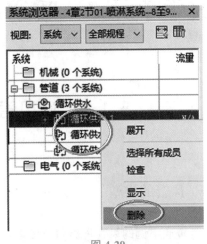

图 4-29

绘图区中的任一管段中绘制管道，如图4-30所示，会将整个原来连接在一起的管道全部
改变成喷淋系统。

（6）选择最后绘制的一段管道及新产生的连接件，将其删除，并使得原管道连接成一
个整体。

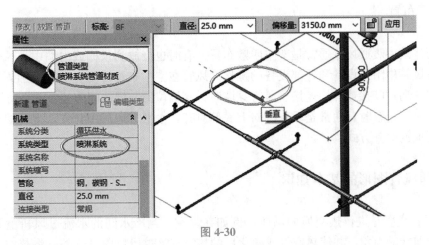

图 4-30

四、其余楼层喷淋管网绘制

其余楼层喷淋管网绘制方法如本节所述，按提供的CAD底图，请学生根据自己的实
际情况，选择完成其他楼层的喷淋管网绘制。

教学单元 5　暖通风管绘制

5.1　暖通风管图形基本知识与绘制方法

一、风管的类型

暖通空调的风管种类划分较多：按风管的功能可分为送风管、回风管、排风管、新风管、排烟管等；按材料可分为金属管和非金属管；按形状可分为圆形风管、矩形风管、扁圆形风管；按风速可分为低速风管、高速风管；按工作压力可分为低压风管、中压风管和高压风管。

在民用建筑中，通常使用的暖通风管是矩形低速金属风管。

二、风管布置

民用建筑中暖通风管通常是架空明敷布置，有时也会放到顶棚或内墙中。风管布置时不能妨碍风管中附件设备和外部设备的操作。风管在空中布置时要有支架或加固处理。金属风管之间通过咬接或焊接连接。风管穿墙时，穿墙位置与墙体间隙处，要做防火封堵。

风管对齐布置时，通常是垂直方向上底部对齐，水平方向居中对齐，也可根据实际情况选用其他的对齐方式。

三、暖通风管图形的基本知识

1. 风机盘管是进行热交换的场所，例如在夏季，当冷水间的水流过风机盘管时，利用盘管增加接触面积，并使热空气或净化后的热空气流过风机中盘管外，将热空气中的热量与风机盘管内的冷水进行热交换，从而使得热空气变成冷空气。冬季时则反过来，使用热水与冷空气间进行能量交换。

2. 暖通中空调水管的供水时，通常因考虑到水的平衡问题，一般是两根水管供水，一根由下向上与各层连接，另一根从楼层的最上面开始供水与各层连接。如果楼层面积较大，则还要考虑到水平面上的水平衡问题。

3. 经过风机的水，通常有供水接口、回水接口，另由于冷热交换时，夏季空气中的水会在风机盘管外壁凝结成冷凝水，因此要多一个收集冷凝水的接口，并将其排放到冷凝水管道中。

本教材只讲授暖通中风管的绘制方法，风机连接的水管可参考前面讲授的绘制方法，自己根据提供的 CAD 底图自行绘制。

四、暖通风管绘制方法

5-1

暖通风管的绘制方法有两种，一种是末端设备之间产生管网自动连接，另一种是直接绘制管道。

暖通风管绘制
方法

1. 末端设备之间自动连接产生风管管网

举例如下：

（1）打开 Revit，加载机电样板文件。

（2）执行"系统"选项卡→"风道末端"命令，在当前绘制平面中放置几个风道末端设备，如图 5-1 所示（图中布置了 8 个设备，且设置的高度为当前层高之上 3000mm，图中的设备此处采用的是送风口，也可以是其他末端设备）。

（3）选中布置的几个送风口设备，此时会出现选项卡"修改 | 风道末端"，执行此选项卡中最右侧的"风管"命令，弹出"创建风管系统"对话框，如图 5-2 所示，点击"确定"按钮，此处使用系统默认的信息选项，也可以自己定义系统类型和系统名称。

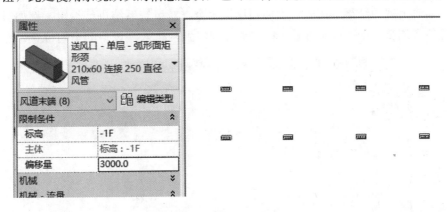

图 5-1

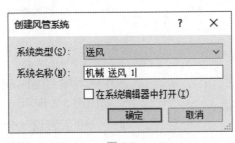

图 5-2

（4）执行此时新出现的选项卡"修改 | 风管系统"中的"生成布局"命令，会出现"生成布局"选项卡，确定此时"生成布局"选项卡下"解决方案类型"为"管网"，再点击状态栏中"设置"按钮，出现如图 5-3 所示的对话框，修改干管和支管的偏移量均为"3600"后，点击"确定"按钮。

（5）点击此时"生成布局"选项卡中绿色的对号"完成布局"命令。

（6）进入三维视图，结果如图 5-4 所示。

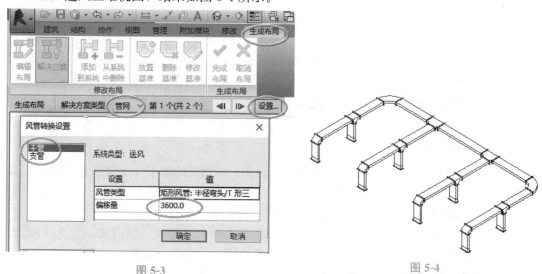

图 5-3　　　　　　　　　　　　　　　　　　图 5-4

（7）如对出现的结果不满意，可使用撤销命令，对风管系统进行编辑，例如对主干管水平放置位置调整，如图 5-5 所示，将主干管调整到两行末端设备的中间位置，然后点击

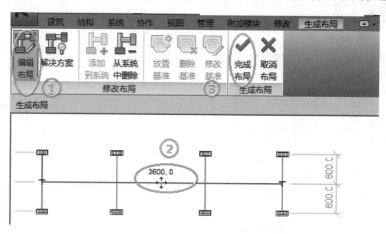

图 5-5

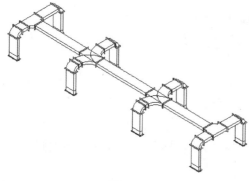

图 5-6

绿色对号"完成布局"命令，此时的三维效果如图 5-6 所示。

在工程设计时，考虑到设计者需要调整生成风管大小的需求，学生可自行尝试调整风管的大小及其他参数。

2. 直接绘制风管管道

使用风管命令，利用 CAD 底图或直接在 Revit 平面视图中绘制风管，在下一节将使用直接绘制方法绘制风管。

5.2　地下室风管绘制实操

一、图形数据

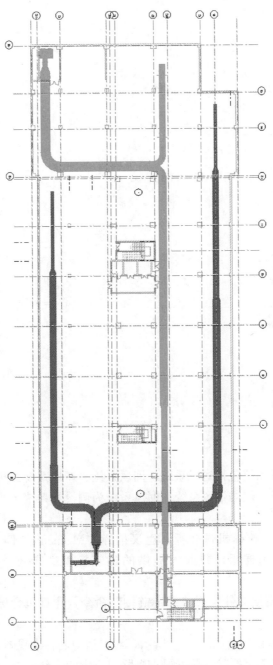

图 5-7　地下室风管平面图

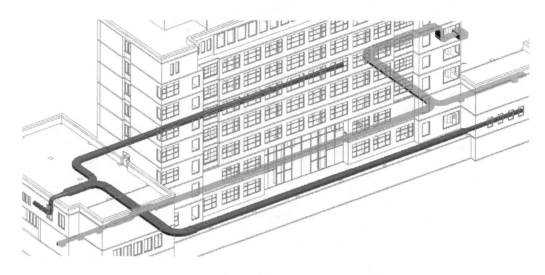

图 5-8

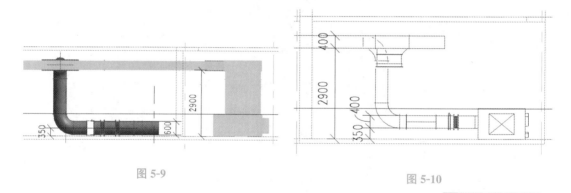

图 5-9

图 5-10

二、风管系统设置

5-2
建筑模型的链接和绑定

一个完整的空调风系统包括送风系统、回风系统、新风系统、排风系统。此处，以地下一层的送风系统和回风系统为例设置系统。操作过程如下：

1. 新建项目文件，选择机械样板，建议选择 "Mechanical-DefaultCHSCHS. rte" 作为样板，并插入提供的建筑模型 "行政楼-2016 版 . rvt" 文件。

2. 对插入的建筑模型文件执行 "绑定链接" 命令，注意包含标高、轴网和详图。

5-3
CAD底图导入

3. 打开项目浏览器窗口，如图 5-11 所示，对卫浴中的各个视图，在其上按鼠标右键，可逐个删除。此外要求删除卫浴中的全部视图。

4. 若删除机械的楼层平面中的两个默认的视图，其中的当前楼层平面不能被删除，则只能在立面状态下，如南立面视图中，同时删除两个默认的标高，此时当前的楼层平面才能被删除。

5. 在任一立面视图中，对绑定链接产生的模型组选中后，执行"解组"命令，然后选择当前视图下的所有标高，执行"视图"选项卡→"平面视图"命令，在出现的对话框中，选择全部标高后点击"确定"按钮，此时会在项目浏览器窗口中，自动添加入相应的楼层平面视图。

6. 在项目浏览器窗口中，对"族"→"风管系统"→"风管系统"下的"回风"和"送风"两个系统分别复制并重命名为"－1F 回风系统"和"－1F 送风系统"。

7. 在"－1F 送风系统"上按鼠标右键，选择"类型属性"，在出现的"类型属性"对话框中，修改材质为"蓝色涂料"（学生可定义一个材质，外观设置为"蓝色"），对"－1F 回风系统"不作修改，便于对照比较。

图 5-11

三、风管图形绘制

依据图 5-7～图 5-10，除一小段是圆形风管外，其余均为矩形风管。地下室净高为 3750mm，工程安装上，矩形风管多数的底高为 2900mm，只有一段跨越，跨越处的底高为 2900mm＋400mm 风管高度＋50mm 间隙＝3350mm，再加上跨越处矩形风管高 400mm，则安装后跨越处的顶高为 3750mm，与楼板底齐平。

风管图形绘制操作过程如下：

1. 打开"－1F"楼层平面，插入提供的 CAD 底图"暖通风管 00—地下一层.dwg"文件。

2. 对插入的 CAD 图形解锁，然后执行两次对齐命令，将 CAD 图形与绑定链接的建筑模型对齐；对齐后，对 CAD 图形锁定，防止误操作后造成图形移动产生偏差。

3. 执行"系统"选项卡→"风管"命令，并设置好如图 5-12 所示的参数后，绘制一矩形风管管段。

注意图中底部高程参数是"2700"，不是当前绘制的风管的底高。绘制一段后，切换到南立面，再次选择绘制的风管段，对其高度上标注尺寸；再点选此段风管，观察此时的属性窗口中的参数，如图 5-13 所示。

想一想

请问图 5-13 中此时的"3100"是什么原因？为什么不是设置的"2900"？

请你在－1F 视图中，再绘制一段"垂直对正"为"顶"时的，设置偏移量为"2900"的风管，并到南立面中对照比较，自己归纳数据变化的原因。

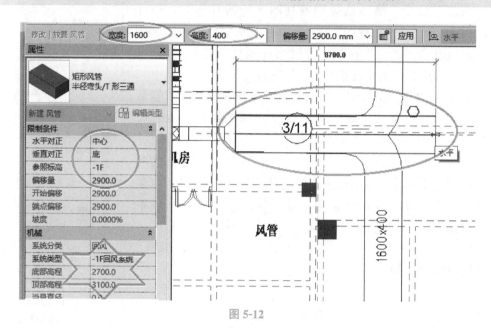

图 5-12

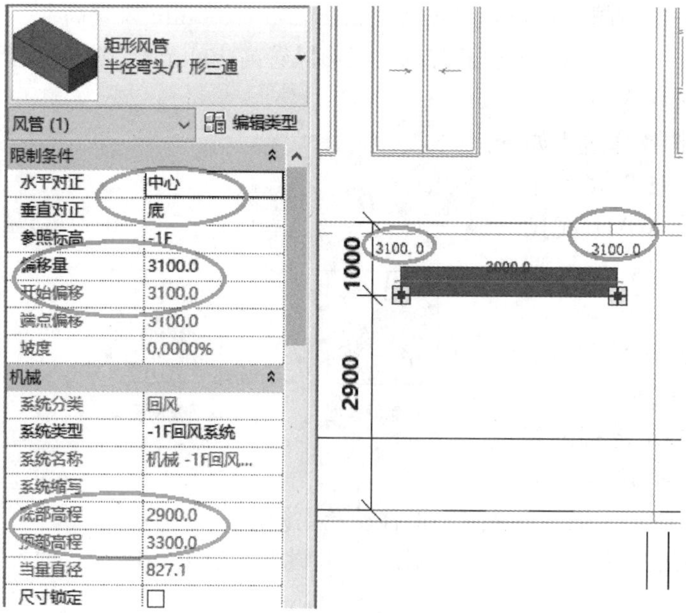

图 5-13

4. 撤销刚才绘制的风管管段。

5. 执行"系统"选项卡→"风管"命令，重新设置水平对正为"中心"、垂直对正为"中"、偏移量为"3100"、系统类型为"－1F 回风系统"，按照 CAD 底图中的数据设置矩形风管的宽度和高度，绘制风管中心线为 3100mm 的回风风管。

6. 在绘制宽度为 1200mm 风管段时，请在状态栏的"宽度"数据框中输入"1200"后按回车键，这样才能绘制该管段；或者执行"管理"选项卡→"MEP 设置"→"机械设置"，打开"机械设置"对话框，在此对话框中，添加矩形风管的新数据"1200"。

7. T 形三通换成 Y 形三通

（1）在刚才绘制的回风管中，点取弯头，将其转变为三通，此时出现的是 T 形三通，如图 5-14 所示。

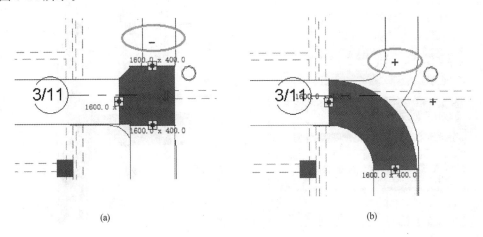

(a)   (b)

图 5-14

（2）点取 T 形三通左侧或下方的直线形风管，再点击"属性"窗口中的"编辑类型"，在出现的"类型属性"对话框中，点击"布管系统配置"参数项右侧的"编辑"按钮，在"布管系统配置"对话框中，点击"载入族"按钮，选择"矩形 Y 形三通-弯曲-过渡件-法兰.rfa"，如图 5-15 所示。

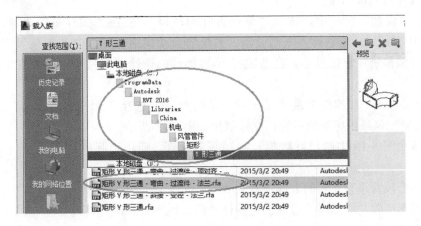

图 5-15

（3）载入需要的族后，在"布管系统配置"对话框中，如图 5-16 所示，选择"连接"下方新载入的"矩形 Y 形三通-弯曲-过渡件-法兰：标准"，再点击两次"确定"按钮，回到－1F 楼层平面视图。

（4）点击如图 5-14（a）所示中的"－"符号，将其改变弯头，再点击如图 5-14（b）所示中弯头处的"＋"号，此时会生成 Y 形的三通。

8. 风管与 CAD 底图中的图形，可执行对齐命令，但由于此处采用的是中线对齐，对 Y 形三通处的两个风管，不能实现与 CAD 底图中的风管边线对齐，通常此时以宽边对齐为主，窄边不细究，如图 5-17 所示。

图 5-16

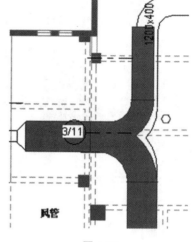

图 5-17

9. 调整 CAD 底图的标高数据，选中 CAD 底图，修改"属性"窗口中的"底部偏移"参数为"3300"（此处要求不小于风管的顶面），此时可观察到底图中的"风口"图形。

10. 执行"系统"选项卡→"风道末端"命令，在新出现的选项卡"修改｜放置风道末端装置"中，执行"载入族"命令，加载本节中提供的族文件"双层百叶送风口.rfa"和"单层百叶回风口.rfa"。

11. 在"属性"窗口中，选择"单层百叶回风口"，修改"偏移量"为"2600"，在 CAD 底图中有回风口位置插入末端设备，系统会自动识别长宽方向和连接风管与末端设备（如果"偏移量"数据过小，会造成 T 形连接件的连接数据过小，进而发出错误提示信息）。

12. 如果在上一步连接件是 Y 形三通，请按图 5-16 选择 T 形三通。

13. 绘制回风风机房处的风管，立体效果如图 5-18 所示。

（1）按照图 5-19 中的尺寸数据，绘制圆形风管，使用"圆形风管 T 形三通"样式绘制。

（2）圆形风管垂直立管的上端中点为 3100mm。

（3）圆形风管与矩形风管过渡的连接件"天方地圆"的位置要适当向右移动，过渡位置偏离开墙体。

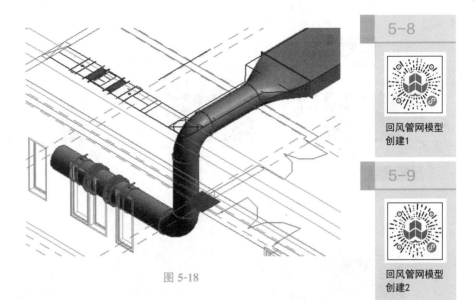

图 5-18

5-8

回风管网模型
创建1

5-9

回风管网模型
创建2

5-10

回风管网模型
创建3

（4）在风机房圆形风管上添加设备：圆形风机、手柄式圆形蝶阀（插入后修改直径为"600"）。

14. 相同的方法，请学生绘制送风系统，此处要注意点有：

（1）双层回风口末端设备的偏移量为 2500mm。

（2）跨越处风管的处理：

首先，选择送风管，使用拆分图元命令将跨越处拆分后删除中间段，如图 5-19 所示。

其次，在跨越处绘制送风管段，此时的标高为 3550mm，管段不易太长，如图 5-20 所示。

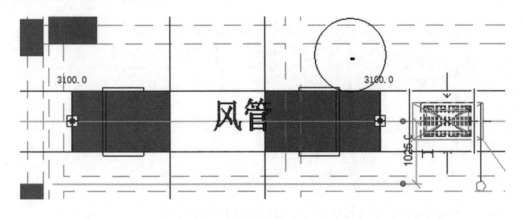

3100.0　　　　　　　　　　　　　3100.0

风管

1025.0

图 5-19

最后，使用夹持点的性质，拖曳低处的风管连接点到"3550"处的对应连接点，如图 5-21 所示。如果右侧不能拖曳，可先删除右侧的送风口，再拖曳连接，再补上送风口末端设备。

平面视图上完成跨越后，请切换到南立面检查是否正确，结果应如图 5-22 所示。

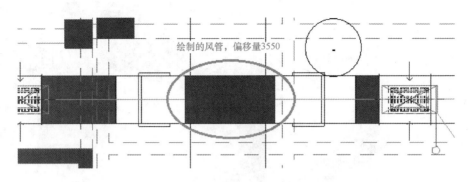

图 5-20

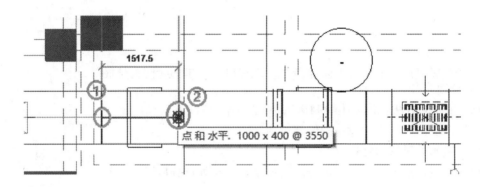

图 5-21

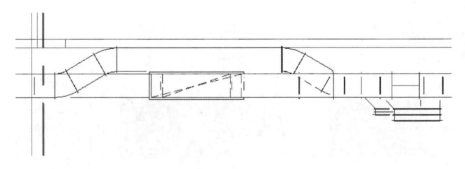

图 5-22

当然，跨越处风管也可以在绘制时绘制斜管的方式实现，请学生自己练习掌握。

（3）注意根据图 5-10 中的数据，在风机房矩形风管与空调机组的连接中线高为 350mm。

（4）空调机组与风管连接为一个系统时，尽可能通过调整空调机组的位置来实现。

（5）添加软管和风阀。

（6）检查整个送风系统，保存图形。

四、利用过滤器对回风管设置颜色

5-11

过滤器

操作过程如下：

1. 在−1F 平面视图下，在键盘输入"VV"或"VG"，或当"属性"窗口为"楼层平面"时，点击其中的"可见性/图形替换"参数右边的"编辑"按钮，均弹出当前楼层平面的"可见性/图形替换"对话框。

2. 点取当前对话框中的"过滤器"选项卡，点击其中的"添加"按钮。

3. 在新出现的"添加过滤器"对话框中，点击"编辑/新建"按钮，弹出"过滤器"对话框。

4. 如图 5-23 所示，新创建"−1F 回风系统"。

5. 设置条件，完成后，连续点击两次"确定"按钮，如图 5-24 所示。

图 5-23

图 5-24

6. 再次点击"可见性/图形替换"对话框中的"过滤器"选项卡中的"添加"按钮，将刚才创建的"−1F 回风系统"添加到当前视图中的过滤器中。

7. 修改"−1F 回风系统"的"投影/表面"下的"线"和"填充图案"的颜色为"红色"，"填充图案"为"实体填充"（学生可自己确定其他颜色和图案），如图 5-25 所示。

8. 再点击下方的"确定"按钮（此时如果计算屏幕较小，可能会看不到，要按"Tab"键切换当前对话框中的"确定"按钮），完成过滤器设置。

9. 点击绘图区下方的"视图控制栏"中的"视觉样式"，修改其为"着色"，此时会看到−1F 整个回风系统变为红色，而送风系统变成了灰色。

10. 切换到三维视图，修改绘图区下方的"视图控制栏"中的"视觉样式"为"着色"，−1F 整个回风系统和送风系统都变成了灰色。

步骤 9 和步骤 10 间的着色问题在于：在平面视图中设置的过滤器不会在三维视图中起作用，如果三维视图中有着色需要，需重新设置（设置方法同平面视图）。

可以看出，材质的设置是在"视图控制栏"中的"视觉样式"为"真实"时起作用，而在"着色"时没起到作用（因前文在材质设置时，只设置了"外观"，"图形"下的"着

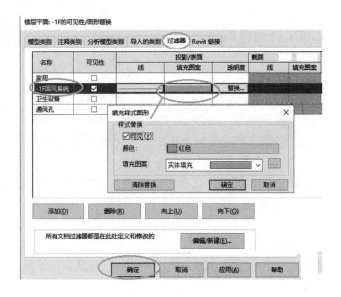

图 5-25

色”未设置颜色）。如果整个项目内容较多，"着色"显示比"真实"显示图形计算机处理要快。因此，项目较大时，建议在"着色"下显示图形。

　　图 5-7～图 5-10 是为讲述暖通风管而专门设置的图形，建议大家多练习，掌握方法后，请依据提供的 CAD 底图，完整绘制整个含风管、水管的暖通系统。

教学单元 6　电气线管与电缆桥架绘制

6.1　电气图形基本知识

一、电气图形基本知识

电气系统由电气线路和电气设备（包含照明设备、配电设备及装置，如接地装置、防雷装置等）构成。在 Revit 中的电气主要是反映三维下电气桥架、电气线管与电气设备的连接，在平面图中可反映电气设备间线路的连接。

Revit 中的电气线材导体尺寸一般是按美国 AWG 线规体系（0 至 46 编号和 00、000、0000），每一个 AWG 对应一个特定的导体截面积。AWG 编号 0 至 46 中，线号越大，导体截面积越小。Revit 软件的电气设置中提供了导线的直径，可依据此换算成 mm^2，转换后可对应于我国的线材导体体系。

常用的电气导体材质有铜和铝两种，根据不同的使用环境和应力要求，其外部的绝缘材质和内部的辅助应力材质尺寸不同。此处不讲述其划分，只要求认识常见的 BV、YJV、NHBV（美标中 THWN）等配线类型，由于软件提供的是美标，建议学生在工作后将我国配线类型添加入电气设置中。

在 Revit 中，电气图形只是基于 CAD 平面位置图之上配以设备，转化为三维立体位置图形，对于电气系统图还不能直接绘制。因此本教材侧重于电气照明平面图形、电气桥架、电气线管图形的绘制方法讲述。

不同电气设备在空间中布置时，各自要求不同，如配电箱和插座的底部标高不同；照明灯具安装有吸顶、挂壁、吊装、嵌顶棚等，具体要看规范要求和用户需求。

照明设备接线中，通常是用两根线，即一根火线和一根中性线；当照明设备处于潮湿场所时，设备金属外壳要多接一根保护线，此时是三根线。

二、电气图形规划与参数设定

"规划"对任何一个项目在整个项目过程中都至关重要。电气图形的规划主要是根据功能用途和节能要求对电压等级、用电设备种类、设备位置、电气线材导体、配电布线安装方式、安全节能等作出的规划，并根据不同的电压等级、防火要求等设置一些参数。

依据上述内容，电气图形的规划在 Revit 中绘制图形前，要完成的主要内容包括：

1. 划分不同设备放置的工作平面，尤其是不同水平高度的平面设定，如灯具是否嵌入天花板平面。

2. 电气设置中的配线与电压设定

对于建筑行业，我国使用的电压多数为 $220/380V$，照明中使用的是 $220V$，电机要区分单相还是三相。

根据不同的建筑物等级，使用不同的电线材料，有些防火要求较高的场所，还要使用阻燃绝缘层，甚至是护套。根据不同的使用场合，要注意是否需要添加接地线，如地下室潮湿环境下要添加接地线与设备金属外壳连接。

3. 电气照明区域划分

依据照明设计的相关规范，不同功能场合的显色指数和照度要求不同，可划分为不同的照明区域，一些场合还需要局部照明，如博物馆。

4. 电气系统设计

在进行图形绘制前，应依据电气的相关规范进行电气系统设计，此书是 Revit MEP 绘图类的入门教材，对此不作讲授。

6.2 地下室照明系统平面图形绘制

一、图形数据

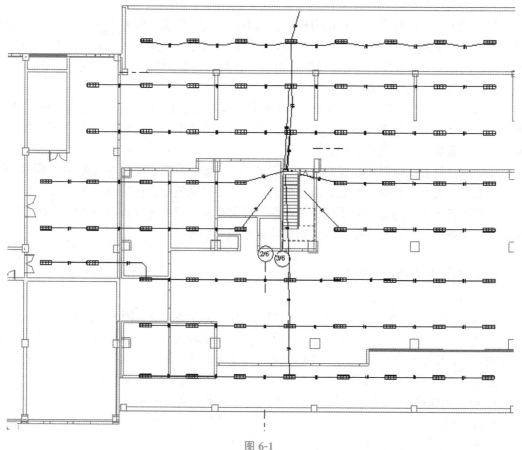

图 6-1

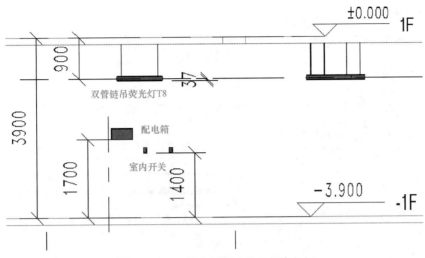

图 6-2　−1F 南立面部分设备标高数据

二、参数设置

1. 新创建项目，选择样板文件为"Electrical-DefaultCHSCHS.rte"电气样板。

2. 执行"管理"选项卡→"MEP 设置"→"电气设置"命令，打开"电气设置"对话框，如图 6-3 所示。

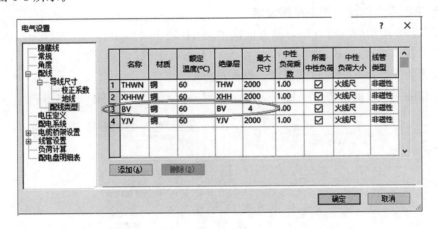

图 6-3

3. 点击"电气设置"对话框中左侧的"配电类型"，修改"BV"的最大尺寸为"4"（注意，此处使用的美标线型尺寸，具体的截面大小可通过点击图 6-3 中的"导线尺寸"，查看其中的直径进行换算，也可运用网络查找相关信息）。

4. 点击图 6-3 中的"电压定义""配电系统"，观察右侧的数据信息。

5. 观察图 6-3 中的"常规""配线"下的参数各数据信息。

6. 执行"管理"选项卡→"MEP 设置"→"负荷分类"命令，出现如图 6-4 所示的负荷分类对话框，了解基本的电气负荷分类及其需求系数，通常照明的需求系数为 100%。请

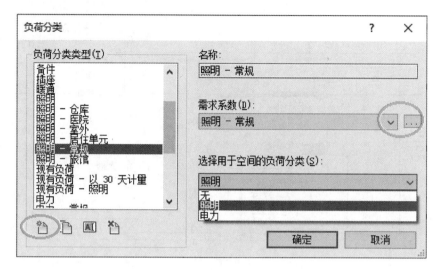

图 6-4

学生尝试修改需求系数。

三、照明平面图形绘制

1. 在前面设置好参数的项目中，插入提供的"行政楼-2016版.rvt"，并绑定链接。

2. 天花板平面创建与视图范围设定

依据图 6-2 所示的尺寸，吊灯放置的高度为 1F 之下 900mm，则在此标高位置创建"-1F 吊灯平面"，作为"天花板平面"，用于统一放置双管荧光灯，并设置视图范围，操作过程如下：

（1）如图 6-5 所示，在"项目浏览器"窗口→"立面"中的任一个视图下，复制不含

6-1

地下室照明系统
平面图形绘制

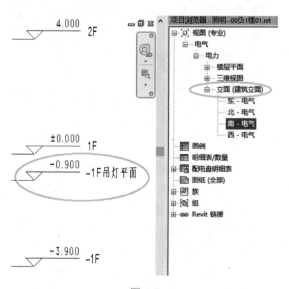

图 6-5

有"±"号标高，并修改标高名称和数据。

（2）执行"视图"选项卡→"平面视图"→"天花板投影平面"命令，在出现的对话框中，选择"－1F吊灯平面"后点击"确定"按钮，则绘图区会自动切换到"－1F吊灯平面"视图平面。

（3）在"项目浏览器"窗口中会出现如图6-6所示的信息，在"－1F吊灯平面"视图平面下，设置"属性"窗口的参数"规程"为"电气"、"子规程"为"照明"，并修改"视图范围"，如图6-7所示（注意不同的基准参照，基准参数选择不同，则其数据可以不同，且要注意此处的"视图深度"是基于"天花板平面"，是当前"－1F吊灯平面"标高向上的深度，不同于一般情况下的向下深度）。

（4）"属性"窗口中的参数设置完成后，点击"应用"按钮，则图6-6中"项目浏览器"窗口中的"???"自动改名为"照明"。

3. 插入CAD图

在"－1F吊灯平面"视图下，执行"插入"选项卡→"链接CAD"命令，插入提供的CAD文件"照明--00负1楼.dwg"，然后对此CAD平面图形先解锁，两次执行对齐命令，将CAD图与Revit模型底图对正后，再将其锁定，防止误操作引起位移。

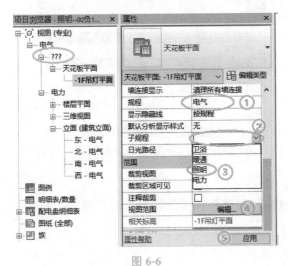

图6-6

图6-7

4. 布置配电箱

执行"系统"选项卡→"电气设备"，在新出现的选项卡中加载族文件"照明配电箱-嵌墙.rfa"，此时会出现"修改|放置设备"选项卡，使用"放置在垂直面上"方法，且在"属性"窗口中，设置"立面"标高数据为"－1300"（当前视图平面为"－1F吊灯平面"，依据图6-2，3000－1700=1300mm），并设置"配电系统"为"220/380 Wye"，然后在左侧楼梯轴线⑤/⑪附近处，在墙体上放置配电箱（如果此时提示不可见，则是立面标高数据设置不正确）；也可在1F视图下插入配电箱，再到南立面修改高程位置。

5. 布置开关

（1）与布置配电箱的方法相同，执行"系统"选项卡→"设备"→"照明"命令，在建筑底图中轴线③处的外墙内侧，插入系统提供的"照明开关"族，并选用"单极"类型，设置"属性"窗口中"立面"为"－1600"。

（2）进入"立面"视图，标注刚才插入的"照明开关"对象，如图6-8所示，会发现其中间到地面为1400mm，将其修改为下边距地1400mm。

6. 布置灯具

（1）执行"系统"选项卡→"照明设备"命令，在新出现的"修改｜放置设备"选项卡中，执行"载入族"命令，加载"双管悬挂式灯具-T8.rfa"文件；然后在"属性"窗口，点击"编辑类型"按钮，修改"类型属性"对话框中的参数，如图6-9所示。

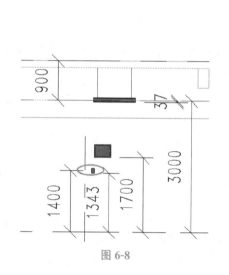

图 6-8

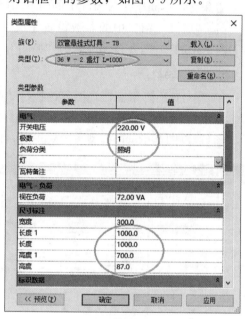

图 6-9

（2）在"修改｜放置设备"选项卡中，点取"放置在面上"图标，然后依据CAD底图的灯具位置，放置双管灯具。

7. 创建电力系统

（1）选择最上面一行放置的吊灯和一个照明开关（图6-10），此时会出现"修改｜选

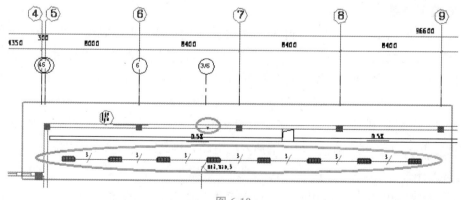

图 6-10

择多个"(图6-11)，执行此选项卡中的"电力"命令，会出现如图6-12所示的选项卡和图形信息。

图 6-11

（2）点击图6-12的"选择配电盘"，点选图中的配电箱，此时点取"属性"窗口，修改导线类型为"BV"，"负荷名称"输入"W17"后按回车键，点击"应用"按钮，再点击"带倒角导线"后，电路线会变为直线。

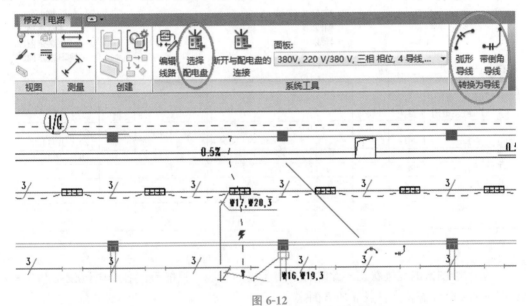

图 6-12

（3）鼠标放到刚才选中的灯具中的任一个上面，连接按两次 Tab 键后，点鼠标左键，选中刚才创建的电路，检查是否为 BV 导线，负荷名称是否为 W17；如果不是，请修改此时的"属性"窗口中的参数"导线类型"为"BV"，"负荷名称"输入"W17"后按回车键，修改完毕后一定要按"属性"窗口下的"应用"，这样"W17"才能成为其选项。

（4）点选开关与灯具之间的连接导线，修改导线类型、导线根数，如图6-13所示。

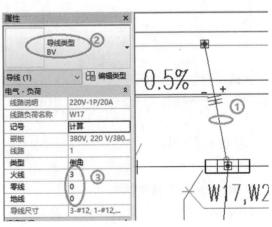

图 6-13

（5）同样，修改该电路中其他导线段处的导线类型，但导线根数不要修改。

（6）类似的方法，对共用绘图区左侧楼梯处配电箱的其他分支系统进行绘制。

（7）同样的方法，完成 CAD 底图右侧的配电系统。

当然，用户也可以使用"导线"命令，连接各个电气设备，形成电路后，再连接到配电箱。用户可根据自己的喜好选择不同的操作方式。

8. 创建配电盘明细表

（1）点取左侧楼梯处的配电箱，修改"属性"窗口中的"配电箱名称"为"AL1"（输入文字后要按回车键，并点击下面的"应用"按钮）。

（2）点击此时"修改 | 电气设备"选项卡中的"编辑配电盘明细表"命令，会自动出现一个表格，里面自动填写了一些电路分支的信息，如图 6-14 所示。

分支配电盘: AL1

位置:		伏特: 220/380 Wye		A.I.C. 额定值:
供给源:		相位: 3		干线类型:
安装:		导线: 4		干线额定值:
配电箱:				MCB 额定值:

注释:

CKT	线路说明	跳闸	极	A		B		C		极	跳闸	
1	W17	20 A	1	576 VA	648 VA					1	20 A	W16
3	W12	20 A	1			648 VA	360 VA			1	20 A	W11
5	W10	20 A	1					648 VA	288 VA	1	20 A	W14
7	W6	20 A	1	720 VA	576 VA					1	20 A	W5
9	W4	20 A	1			576 VA						
11												
	总负荷			2520 VA		1584 VA		936 VA				
	总安培数			12 A		8 A		4 A				

图 6-14

9. 进入绘图区的三维状态，此时看不到连接的导线，只能看到各个电气设备和灯具，这也是 Revit 软件需要完善发展的方面之一。

6.3 电气线管绘制

前面我们学习了电气平面图形的绘制，但在三维时不能显示其立体关系，下面通过线管的绘制，来观察电气设备三维间的连接关系。

一、电气线管知识

1. Revit 中电气线管标准

如图 6-15 所示，电气线管的标准有 EMT、IMC、RMC、RNC 四种，即：

（1）EMT：镀锌管，通常是指镀锌钢管，主要用于等级较高的建筑物，有较好的防火性能和漏电导通性能。

（2）IMC：薄壁金属管，通常是一种薄壁镀锌铁管，为美国标准。

（3）RMC：厚壁金属管，Revit 中配置的是铝管。

（4）RNC：即通常使用的 PVC 管。

2. 电气线管直径与管内导线根数、敷设方式

（1）根据《民用建筑电气设计标准》GB 51348—2019 第 8.1.8 条规定：敷设在钢筋混凝土现浇楼板内的电线导管的最大外径不宜大于板厚的 1/3。当电线导管敷设在楼板、

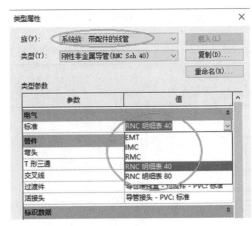

图 6-15

墙体内时，其与楼板、墙体表面的外保护层厚度不应小于 15mm。

（2）当（1）不能满足时，可采用明敷线槽或电缆桥架敷设。

（3）根据《1kV 及以下配线工程施工与验收规范》GB 50575—2010 第 5.2.4 条规定："管内电线的总截面面积（包括外护层）不应大于导管内截面面积的 40%，且电线总数不宜多于 8 根。"

（4）管道英寸与公称管径之间的换算

1 英寸＝25.4mm；

1/2 英寸＝4 英分（四分，$DN15$，公称外径 $\phi20$）；

3/4 英寸＝6 英分（六分，$DN20$，公称外径 $\phi25$）。

则 $1'$ 为 $DN25$，$\phi32$；$1.2'$ 为 $DN32$，$\phi40$；$1.5'$ 为 $DN40$，$\phi50$；$2'$ 为 $DN50$，$\phi63$；其余对应关系可从网上查阅。

（5）Revit 的电气设置对话框中关于线管尺寸，如图 6-16 所示。

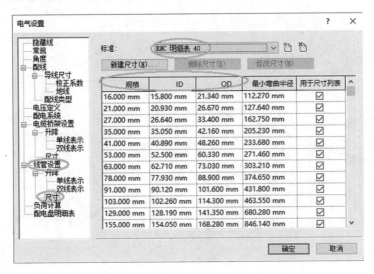

图 6-16

（6）依据上述（3）～（5）项，可得表 6-1。

常见导线允许穿管根数与相应的最小管径对照表　　　　表 6-1

导线截面 ＼ 导线根数	2	3	4	5	6	7	8
1.0mm²	DN15	DN15	DN15	DN20	DN20	DN20	DN25
1.5mm²	DN15	DN15	DN15	DN20	DN20	DN25	DN25
2.5mm²	DN15	DN15	DN20	DN25	DN25	DN25	DN25
4.0mm²	DN20	DN20	DN20	DN25	DN25	DN25	DN32
6.0mm²	DN20	DN20	DN20	DN25	DN25	DN32	DN32

（7）导线截面的数据的获取

单相线路：$S = UI\cos\theta$，若功率因数取 $\cos\theta = 0.9$（按照明设计规范），则 $I = S/(U\cos\theta)$。

三相线路：$S = \sqrt{3}UI\cos\theta$，求得 I。

依据 Revit 的电气设置对话框中关于导线的尺寸，通常使用的绝缘为 VV，查表可得电线的直径，求得截面面积，向上取上一级的截面型号即可。

（8）楼板墙体内电气线管埋设要求

埋设在墙体、楼板内的电气线管，要求管外壁表皮距墙外表面至少 15mm，防止墙体开裂。

二、图形数据

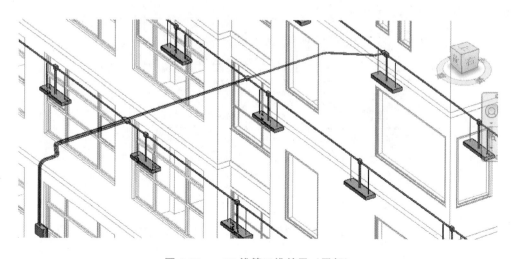

图 6-17　-1F 线管三维效果（局部）

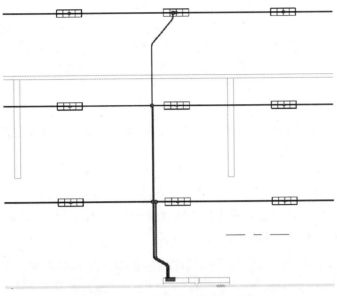

图 6-18　－1F 线管平面图示（局部）

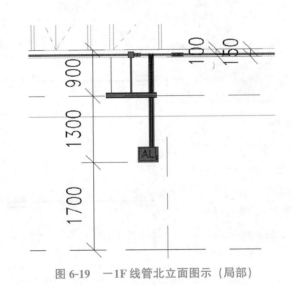

图 6-19　－1F 线管北立面图示（局部）

三、绘制过程

此处只是局部图形绘制举例，其他部分请读者参照举例中使用的方法自己完成。操作过程如下：

1. 新建项目，使用样板文件为"Electrical-DefaultCHSCHS.rte"的电气样板。

2. 加载提供的"行政楼-2016 版 .rvt"建筑模型文件，并绑定链接。

3. 依据图 6-19，建立天花板平面视图"－1F 吊灯平面"，并设定视图范围，请参照

6-2

电气线管绘制

6.2节相关操作过程；

4. 在"1F"（不是"—1F"）平面视图中，插入配电箱，再进入到立面视图，修改配电箱的"属性"窗口下的"立面"参数，使用其标高数据如图6-19所示。

5. 在"—1F吊灯平面"视图中，插入CAD链接文件"照明—00负1楼.dwg"，并对齐对正。

6. 在"—1F吊灯平面"视图中，插入"双管悬挂式灯具-T8.rfa"照明设备，并按图6-9所示数据设置参数，按提供的CAD底图的相应位置处插入此族图元图形，并在立面中调整位置。

7. 执行"系统"选项卡→"线管"命令，在"属性"窗口中，选择"带配件的线管"中的"刚性非金属导管RNC Sch40"，并设置直径为27mm，偏移量为800mm（正好在楼板内面管，请参看图6-19数据，确保水平线管最下与外表皮间距≥15mm，避免太近造成混凝土楼板开裂），如图6-20所示。

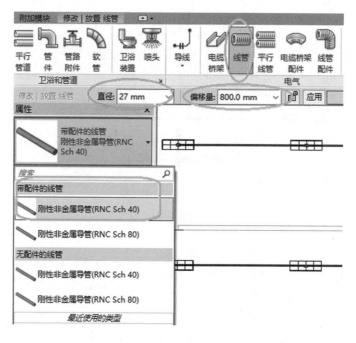

图 6-20

8. 按图6-18所示，先绘制连接灯具上方在楼板内横着的水平线管。

9. 将灯具与横着的水平线管进行连接，如图6-21所示，会自动产生一个接线盒，这个接线盒自动布置成竖直状态，注意此时接线盒的自动布置与实际施工中的放置方式不同，此处不作修改。

10. 同样，绘制其他灯具与横着的楼板中线管之间的垂直线管，两头的灯具也要绘制线管，不要用弯头形式连接（工程中用接线盒）。

11. 立体视图下，检查已绘制分支电路与灯具间的线管，如图6-22所示，有时垂直的线管数据需要作修改。

12. 同样的方法，绘制其他横着的分支线管，并在灯具与相应的线管间绘制垂直线管。

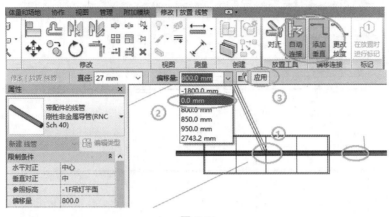

图 6-21

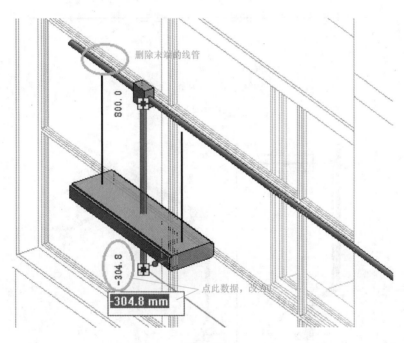

图 6-22

13. 在"－1F 吊灯平面"视图中，绘制最远处横着的分支线管与配电箱之间连接的线管，注意两线管之间的同一平面上相互垂直连接，接线盒会自动产生，到配电箱处时，要与配电箱垂直连接，如图 6-18 所示。

14. 对图 6-23 间的连接线管执行"偏移"命令（或使用"平行线管"命令）。注意，工程实际中同一接线盒可连接两个 4 分 PVC 管，而自动提供的接线盒只有一个连接点。

15. 对图 6-23 中刚偏移的下面的那根线管再向右偏移"100"（弯管也偏移），此时会自动产生一个接线盒，将此接线盒向左移动直到两接线盒并列放置，如图 6-24 所示。

其余管线的绘制方法与上述相类似，请绘制时注意相关专业规范条文的要求，余下的图形部分留给学生完成。

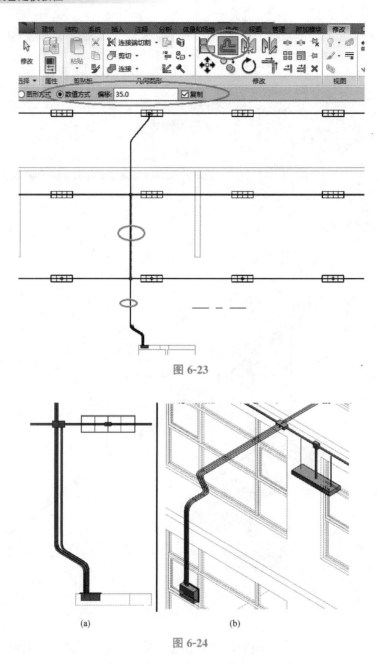

图 6-23

(a)   (b)

图 6-24

6.4 电缆桥架绘制

一、电缆桥架类型

电缆桥架适用于电压 10kV 以下的电力电缆、照明配线、控制电缆等室内外架空敷设。通常动力照明电缆与控制电缆分开敷设，如放置在同一桥架中时要分隔屏蔽，防止电磁干扰。

电缆桥架按材料可分为钢质电缆桥架、铝合金电缆桥架、玻璃钢电缆桥架以及在金属之上加阻燃材料的阻燃电缆桥架。

电缆桥架按形式可分为槽式、托盘式、阶梯式。

Revit 中提供的桥架类型有时不能满足实际需求，如系统没有提供"应急桥架""弱电桥架"等，通常可通过"项目浏览器"窗口→"族"→"电缆桥架"中的内容进行复制后修改，得到所需要的类型样式。

在桥架图形的注释说明时，由于桥架系统没有专门的族分类，因此将升降的注释符号放置到电气设置对话框中，与电气中的线管注释方法一致。

二、电缆桥架的设置与绘制方法

电缆桥架的设置通常使用"项目浏览器"窗口→"族"→"电缆桥架"和"电缆桥架配件"中对同类型桥架和配件同时进行设置，并使用过滤器设置不同的颜色，学生可参考前面学习使用的方法来设置。

电缆桥架的绘制方法与风管的绘制方法基本相同，通常在电力系统平面或三维视图下绘制，有时也要借用立面或剖面绘制。

此处要注意电缆桥架的类型属性对话框，如图 6-25 所示，其弯头有三种：水平弯头一种，垂直分内弯和外弯两种。

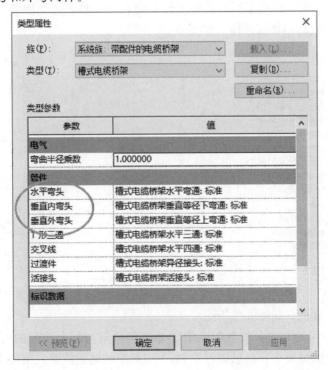

图 6-25

三、负一层桥架绘制

操作过程如下：

1. 新建项目，使用样板文件为"Electrical-DefaultCHSCHS. rte"的电气样板。

2. 加载提供的"行政楼-2016 版 . rvt"建筑模型文件，并绑定链接。

3. 在"－1F 吊灯平面"视图中，插入 CAD 链接文件"配电桥架--00 负 1 楼 . dwg"，并对齐对正。

4. 根据 CAD 图形中桥架分类，在"项目浏览器"窗口→"族"→"电缆桥架"中复制"槽式电缆桥架"产生"消防电缆桥架"和"非消防电缆桥架"，如图 6-26 所示。

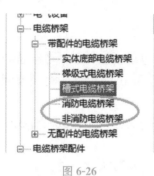

图 6-26

5. 在"项目浏览器"窗口→"族"→"电缆桥架配件"中，对所有的槽式电缆桥架配件都新建立"消防电缆桥架"和"非消防电缆桥架"两个类型。

6. 依据 CAD 底图中桥架的尺寸及布置要求，若图中梁高 450mm，楼板厚 150mm，－1F 层高 3900mm，则设置桥架垂直中心偏移量为 3900 － 450 － 150 － 100/2＝3250mm。

7. 利用 CAD 底图，根据不同的桥架类型系统和尺寸要求绘制桥架，绘制过程中要适当修改水平对正参数和偏移量数值，如图 6-28 所示。

图 6-27

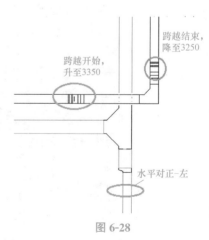

图 6-28

8. 在当前视图下，使用过滤器命令，对不同的桥架系统类型设置不同的颜色，如消防电缆桥架设置为红色，如图 6-29 所示。

9. 利用前面学习的方法，放置配电箱，并绘制桥架与配电箱间的管线，此处留给学生依据相关规范的数据要求，自己练习绘制。－1F 中的电缆桥架三维效果如图 6-30 所示，平面效果如图 6-31 所示。

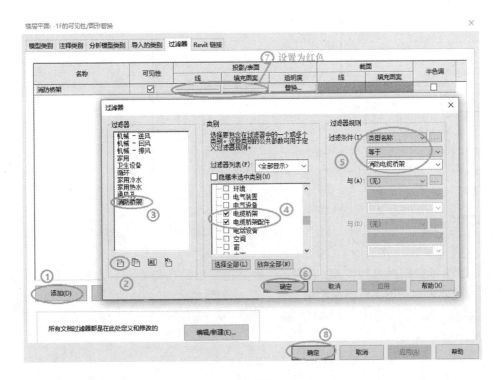

图 6-29

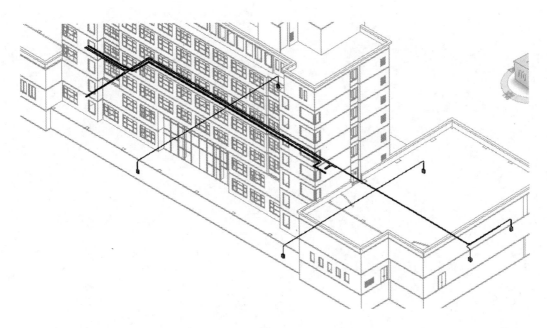

图 6-30

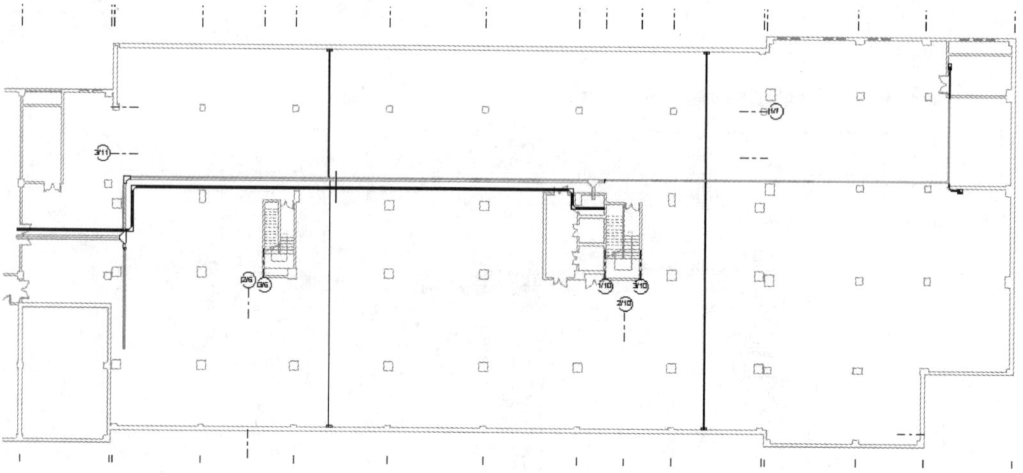

图 6-31

10. 学生可根据提供的 CAD 底图，绘制其他楼层的桥架系统，方法前面已有叙述，请根据规范要求和图形实际情况绘制。

教学单元 7　机电族

7.1　低压配电箱族

一、图形尺寸数据

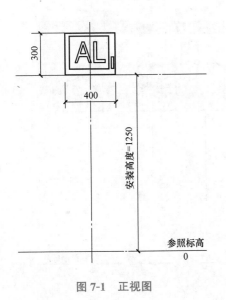

图 7-1　正视图

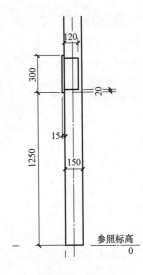

图 7-2　侧视图

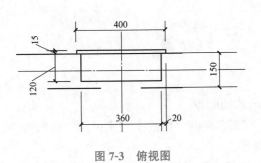

图 7-3　俯视图

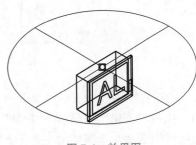

图 7-4　效果图

二、操作过程

1. 新建族，使用"基于墙的公制常规模型"族样板文件。

2. 点击"项目浏览器"窗口→"立面"→"放置边"，进入放置边视图。

3. 在绘图区中绘制一个参照平面，与参照标高间距 1250mm，并标注。

4. 点取刚才标注的尺寸，在出现的"修改｜尺寸标注"选项卡的最下面状态栏处，点击"标签"选项中的"添加参数"项，如图 7-5 所示，在出现的对话框"参数属性"中输入参数名称为"安装标高"，其余不作调整修改，点击确定后的结果如图 7-6 所示。

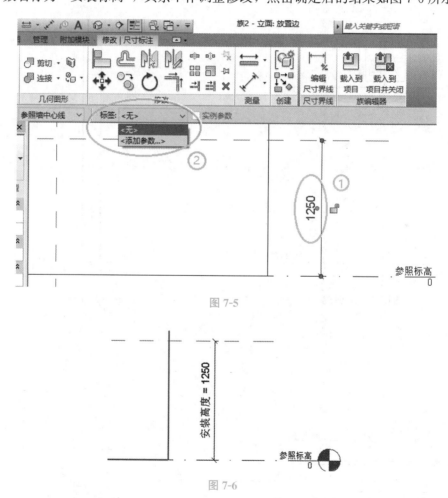

图 7-5

图 7-6

5. 在当前视图下，按图 7-1 的尺寸绘制配电箱的面板：

（1）执行"创建"选项卡→"拉伸"命令，在新出现的"修改｜创建拉伸"选项卡中，使用直线或矩形命令绘制如图 7-7 所示尺寸的矩形。

（2）"属性"窗口中的"拉伸起点"和"拉伸终点"是因：配电箱基于的墙体，在创

（图中文字）
7-1

低压配电箱族绘制

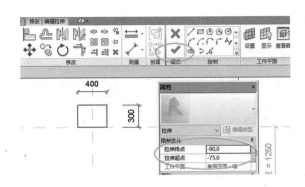

图 7-7

建时其墙体的厚度是 150mm。

（3）点击当前选项卡中绿色的对号（如图 7-7 所示），完成拉伸操作。

6. 创建配电箱的箱体：在当前视图下，再次执行拉伸命令，可按图 7-8 顺序操作。

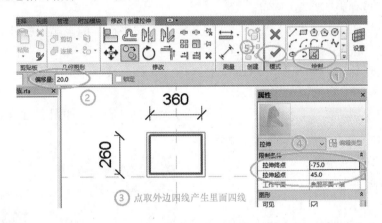

图 7-8

图 7-8 中绘制配电箱箱体轮廓时，使用的是拾取线命令，设置的偏移量 20mm，然后点取原来绘制的配电箱面板轮廓线，产生箱体的轮廓线。当然，学生也可使用其他方法产生上轮廓线。

箱体的厚度 120mm 是考虑到图形绘制时使用的默认墙体为 150mm，通常配电箱嵌入墙体安装，箱体外表面与内墙表面齐平。

7. 点击"项目浏览器"窗口→"楼层平面"→"参照标高"平面，此时在绘图区中看不到刚才绘制的配电箱面板与箱体，可通过图 7-9 中的操作顺序观看到绘制后的结果。

图中"视图范围"对话框中的"剖切面"所对应的偏移量"1350"，是由于配电箱底高 1250mm，再向上 20mm 只是到达配电箱箱体的下边缘。在水平剖切时，偏移量为 1350mm，剖切面剖切到箱体。

8. 在配电箱面板外表面上添加模型线及文字

（1）在当前"参照标高"平面视图下，在配电箱面板外表面处添加参照平面，并在"属性"窗口中的"名称"右侧输入"配电箱面板外表面"。

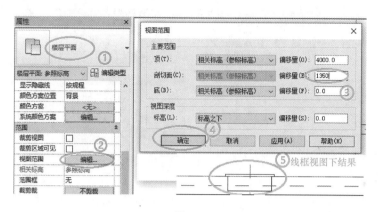

图 7-9

（2）执行"创建"选项卡→"设置"命令，出现如图 7-10 所示的对话框。

方法 1：点取"拾取一个工作平面"项，然后点取"确定"按钮后，拾取当前视图中的"配电箱面板外表面"参照平面。

方法 2：点取对话框"名称"项，右边选择"参照平面：配电箱面板外表面"项，然后点击"确定"按钮。

（3）在出现的"转到视图"对话框中选择"立面：放置边"后，点击"打开视图"按钮。

（4）使用模型线命令，绘制矩形两个，尺寸大小自己确定，如图 7-11 所示。

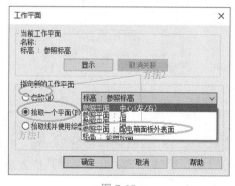

图 7-10

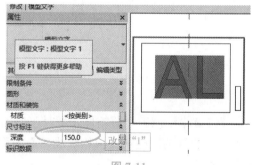

图 7-11

（5）执行"创建"选项卡→"模型文字"命令，在出现的对话框中输入文字"AL"后点击确定，并将其放到配电箱图形的大致位置，如图 7-11 所示。

（6）点取刚才的模型文字，修改此时"属性"窗口→"深度"选项，将其数据改为"1"。

9. 设置配电箱的电气连接件，放置在箱体的上部居中位置：进入三维视图，然后执行"创建"选项卡→"电气连接件"命令，选择箱体的上表面（如选择不到，可按 Tab 键切换）后点击鼠标左键，会出现一个带中心标识的连接件图元。

10. 设置配电箱的可变参数，通常配电箱的参数主要包括宽度、高度、深度及安装高度，安装高度参数前面已经设置，下面设置其他几个可变参数：

（1）进入到"立面"→"放置边"视图，然后双击配电箱面板，此时选项卡变为

"修改 | 编辑拉伸"。

（2）标注配电箱的"宽度"与"高度"尺寸，然后点取相应的尺寸，如图7-5所示样式，在"标签"处点击"添加参数"，参数名称分别为"宽度"与"高度"，其余不作修改，点击"确定"按钮后，再点击"绿色对号"返回。

（3）执行"创建"或"修改"选项卡→"族类型"命令，打开"族类型"对话框，可见添加的参数，如图7-12所示。

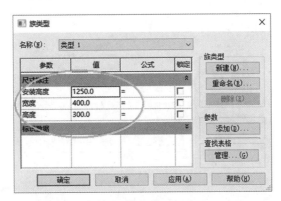

图7-12

（4）执行"项目浏览器"窗口→"楼层平面"→"参照标高"，进入参照标高楼层平面，使用标注命令标注箱体厚度，然后按图7-5所示样式，添加参数，参数名称为"厚度"。

11. 添加配电箱的实例参数

前面添加的类型参数，在项目中使用族以及点击到此族的实例时，都不能在"属性"窗口见到这些参数选项，而实例参数则可在"属性"窗口出现对应的选项。

此处要添加的实例参数有：

实例参数　　　　　　　　　　　　　　　　　　　　　　　　表7-1

序号	参数名称	数据与单位	规程	参数类型	分组方式
1	箱柜编号	AL-001	公共	文字	标识数据
2	有功功率	50kW	电气	功率	电气
3	电流	10A	电气	电流	电气
4	相序	三相	公共	文字	标识数据

（1）执行"创建"或"修改"选项卡→"族类型"命令，打开"族类型"对话框（图7-12），点击其中的"添加"按钮，打开"参数属性"对话框（图7-13），设置"名称"为"箱柜编号"、"规程"为"公共"、"参数类型"为"文字"、"参数分组方式"为"标识数据"，并选择"实例"。

（2）同样的方法，按创建另三个实例参数。

（3）修改"有功功率"实例参数的单位：执行"管理"选项卡→"项目单位"命令，打开"项目单位"对话框，按如图7-14所示步骤修改后，点两次"确定"按钮，然后再次打开如图7-12所示的"族类型"对话框，观看结果，并填写入表中相应的数据和文字，结果如图7-15所示。

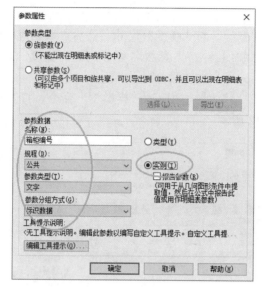

图 7-13

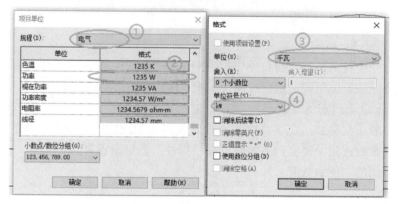

图 7-14

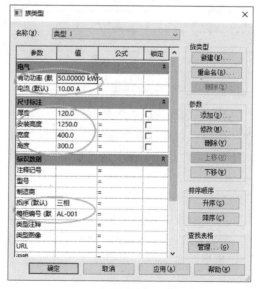

图 7-15

12. 设置族类别为"电气设备"

执行"创建"选项卡→"族类别和族参数"命令，在打开的对话框中，"族类别"选项列表中选中"电气设备"，其他不修改，然后点击"确定"按钮。

13. 保存创建的族文件，文件名为"低压配电箱.rfa"。

7.2　组合式空调机组族

一、图形尺寸数据

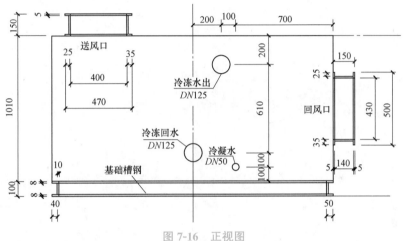

图 7-16　正视图

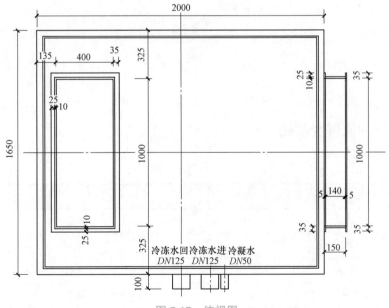

图 7-17　俯视图

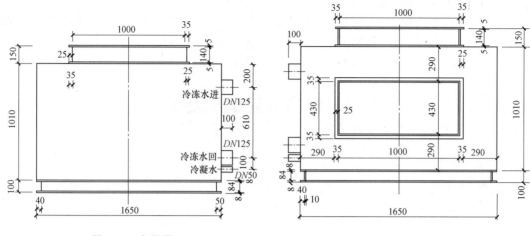

图 7-18　左视图　　　　　　　　　　　　图 7-19　右视图

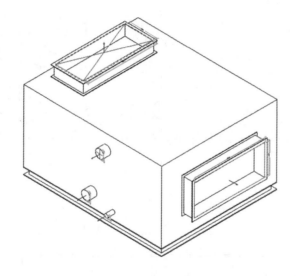

图 7-20　立体效果图

二、需要设置的族可变参数

可变参数　　　　　　　　　　　　　　　　　　　　　　　表 7-2

序号	参数名称	数据与单位	规程	参数类型	分组方式
1	额定风量	10000m³/h	HVAC	风量	机械
2	风机全压	2000Pa	HVAC	压力	机械
3	电机功率	12kW	电气	功率	电气
4	制冷量	64kW	电气	功率	电气

三、操作过程

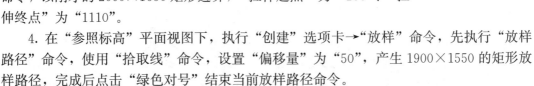

7-2

组合式空调机
组族绘制

1. 新建族，使用"公制常规模型"族样板文件。

2. 在"参照标高"平面视图下，绘制四个参照平面，形成以原点为中心构成 2000×1650 的矩形外边界。

3. 在"参照标高"平面视图下，执行"创建"选项卡→"拉伸"命令，以刚才的 2000×1650 矩形边界，"拉伸起点"为"100"、"拉伸终点"为"1110"。

4. 在"参照标高"平面视图下，执行"创建"选项卡→"放样"命令，先执行"放样路径"命令，使用"拾取线"命令，设置"偏移量"为"50"，产生 1900×1550 的矩形放样路径，完成后点击"绿色对号"结束当前放样路径命令。

5. 接着执行"修改｜放样"选项卡→"编辑轮廓"命令，在出现的对话框中，选择"左"或"右"都可以，此处选择"左"视图，再点击"打开视图"按钮。

6. 按图 7-16 左下角和右下角的尺寸数据，绘制轮廓，如图 7-21 所示，结束轮廓绘制后，连续点击两次"绿色对号"，完成放样。

7. 同样的放样方法，绘制送风口和回风口，此时要注意使用不同的参照平面绘制。

（1）送风口绘制：打开"项目浏览器"窗口→"立面"→"前"视图，在箱体最上面高度 1110mm 处，创建参照平面，然后执行"创建"选项卡→"设置"命令，打开如图 7-10 所示窗口，执行其中的方法 1，即"拾取一个工作平面"，点击"确定"按钮后，点取刚才创建的参照平面；

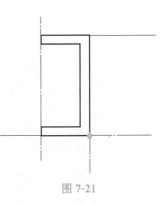

图 7-21

在出现的"转到视图"对话框中，选择"楼层平面：参照标高"项后，点击"打开视图"按钮，切换到高度为 1110mm 所在的平面，此时视图方向由上向下，其余绘制方法与步骤 4～步骤 6 相同，不再赘述。

（2）回风口绘制：只是参照平面设置的位置不同，方法与上一步相同，此处留给学生自己练习。

8. 绘制三个管道

三个管道的绘制方法与回风口的绘制方法类似，只是管道使用拉伸命令，可以三个管道同时拉伸，也可单独拉伸。

三个管道的直径，如按非专业性绘制，它们的直径是 125mm 和 50mm 两种；但从专业的角度，可创建一个机械项目后，打开如图 3-6 所示的"机械设置"对话框后，由绘制的直径应为 140mm 和 63mm 两种。

9. 设置管道连接件、风管连接件

（1）进入三维视图状态后，执行"创建"选项卡→"风管连接件"命令，在出现的"修改｜放置风管连接件"选项卡中，保证此时是在"面"的状态下，如图 7-22 所示，将鼠标移到要设置的风口处，按 Tab 键，直到要选中的风口目标变成蓝色矩形框时，按鼠标左键，放置好风口连接件图元。

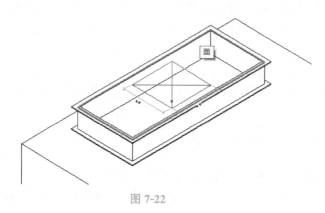

图 7-22

（2）点取此风口连接件图元，修改属性窗口的"宽度"和"高度"两个参数的数据，使其与风口的宽度与长度数据相等，如图 7-23 所示，此处宽度值为 400mm，高度值为 1000mm，设置"流向"为"出"、"系统分类"为"送风"。

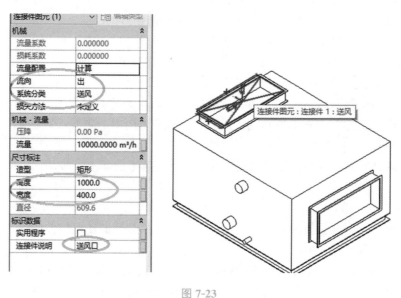

图 7-23

（3）同样的方法，创建回风口的风管连接件，属性窗口中的数据设置留给学生自己练习。

（4）设置管道连接件，方法与前面的类似，设置后要修改管道的连接件图元的直径，使其与管道直径大小相同。

10. 设置可变参数

（1）先设置项目单位，执行"管理"选项卡→"项目单位"，按表 7-2 的要求设置。

（2）执行"创建"选项卡→"族类型"命令，添加入表 7-2 中的四个参数。

11. 设置族为"机械设备"

执行"创建"选项卡→"族类别和族参数"命令，在打开的对话框中，"族类别"选项列表中选中"机械设备"，其他不作修改，然后点击"确定"按钮。

12. 保存族，命名为"组合式空调机组 .rfa"。

7.3　卫生间隔断族——同族多类型

一、图形尺寸数据

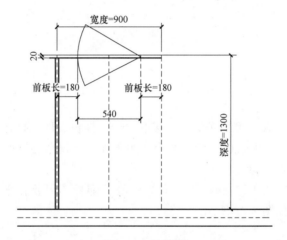

图 7-24　俯视图

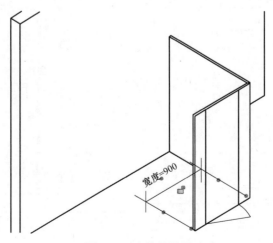

图 7-25　立体效果图

图 7-26

二、操作要求

7-3

卫生间隔断族
绘制

1. 新建族，选择"基于墙的公制卫浴装置 . rft"样板文件，打开后，进入"参照标高"平面视图，创建三个参照平面，并调整相互间的位置尺寸，如图 7-27 所示。

2. 创建矩形拉伸产生以左侧参照平面为中心的侧板，但要在平面间锁定尺寸数据，如图 7-28 所示。

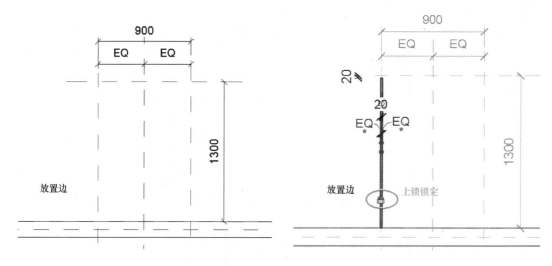

图 7-27 图 7-28

图 7-28 中，左侧板的底面矩形以左边的参照平面为中心，两侧标注后设置相等 "EQ"，且都上锁，矩形上端与另一垂直的参照平面间距为 "20mm"，且此尺寸标注也上锁；拉伸起点为 0，终点数据为 1600mm。

3. 绘制前端两侧板

（1）使用拉伸命令，绘制底部分的矩形，此时要将此前端板的矩形三面锁定，如图 7-29 所示。

（2）对前端板的底部矩形作相应修改，结果形状如图 7-30 所示，并标注后，同时选定两个标注，点击"尺寸标注"选项卡中状态栏中的"标签"参数项中的"添加参数"，在出现的"参数属性"对话框中输入名称为"前板长"，其余不作修改。

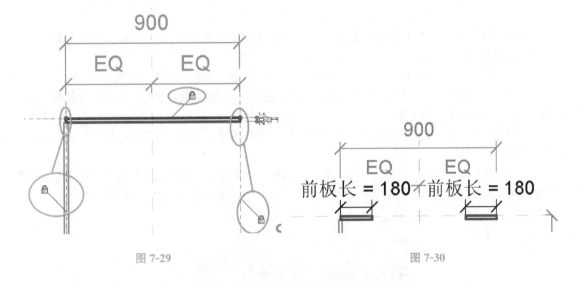

图 7-29 图 7-30

（3）拉伸起点为 0，拉伸终点为 1600mm。

4. 绘制外开的模型线，并设置"外开"参数，然后关联。

（1）在当前"参照标高"平面视图下，使用模型线绘制如图 7-31 中所示的线形，然后选中其中的斜线和圆弧线，在此时的"属性"窗口的"可见性"右边点击"关联族参数"按钮，如图 7-31 所示。

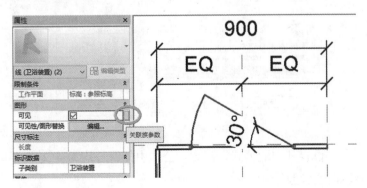

图 7-31

（2）在出现的"关联族参数"对话框中，点击"添加参数"按钮，然后在出现的"参数属性"对话框中，"名称"输入为"外开"，"参数分组方式"选择"图形"，设置为"实例"，其余不作修改，连续点击两次"确定"按钮返回。

5. 对刚才外开图形镜像，产生内开图形，同样，设置"内开"参数，且为"实例"参数，然后关联。

6. 绘制立体中卫生间隔断门板

与前面的拉伸方法一致，此处留给学生自己操作。

7. 添加族参数

（1）依据图7-26，分别选中图形的侧板、前板、开门板，从它们的"属性"窗口中的"可见性"右侧点击"关联族参数"按钮，添加"侧板""前板""开门"三个参数，"参数分组方式"均为"图形"，且都是"类型"参数。

（2）依据图7-26，分别选中标注"900"和"1300"两个标注，添加"宽度"和"深度"两个族参数。

（3）进入"左"立面视图，标注侧板高度，并添加"隔板高度"族参数。

（4）选中侧板，在"属性"窗口的"拉伸起点"参数项处，点击"关联族参数"按钮，添加"地台高"族参数。

（5）同样，在"属性"窗口的"拉伸终点"参数项处，点击"关联族参数"按钮，添加"高度"族参数。

（6）同样，将"前板"、"开门板"两个实体的"拉伸起点"和"拉伸终点"两个分别关联"地台高"和"高度"两个族参数；此时的"族类型"对话框的设置与数据如图7-32所示。

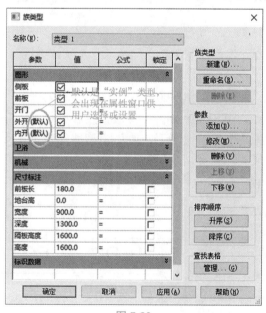

图 7-32

8. 依据图7-26，设置其中的公式，注意：公式中的符号均为英文半角下的符号。

9. 分别设置不同族类型

（1）点击如图7-32中的"新建"按钮，命名为"L形-落地"，其中的"内开"和"外开"项中只有一个处于选中状态,即两个只有一个打钩;"地台高"数据为"0";然后点击"应用"按钮。

(2)同样的方法,依据图7-26中的内容设置其他的族类型,注意:参数选项是否选中及相关的选项数据修改。

10.保存创建的族,命名为"卫生间隔断-同族多类型.rfa"。

7.4 可调减压法兰盘族——空心体阵列

一、相关专业基本知识

1.根据相关标准,$DN80 \sim DN150$的$PN1.6MPa$尺寸见表7-3,螺孔均为8个。

钢制管法兰尺寸表(单位:mm)   表7-3

序号	DN尺寸	管子外径	法兰盘外圆	法兰盘厚度	螺孔与中心间距	孔距	螺孔直径
1	DN80	89	200	20	80	160	18
2	DN100	114	220	20	90	180	18
3	DN125	140	250	22	105	210	18
4	DN150	165	285	24	120	240	22

2.减压孔直径不小于DN直径的30%,此处取50%。

二、图形尺寸数据

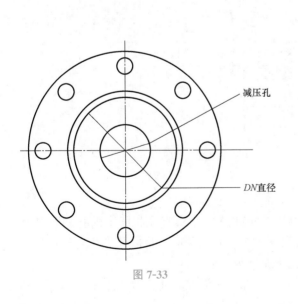

图7-33

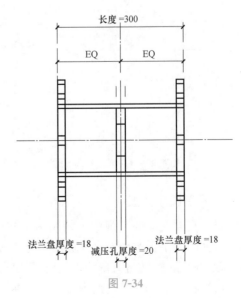

图7-34

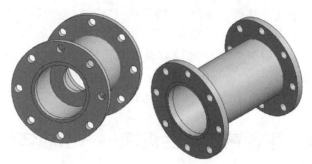

图 7-35　立体效果图

三、操作过程

7-4

可调减压法兰
盘族绘制

1. 新建族，使用"公制常规模型"族样板文件。
2. 点击"项目浏览器"窗口→"立面"→"前"，进入前立面视图。
3. 创建四个参照平面，并调整其尺寸，如图 7-36 所示。
4. 进入"左立面"视图，执行"创建"→"拉伸"命令，以中心点绘制两个同心圆，直径依据表 7-3 中 DN150 尺寸数据，内径是 150mm，外径是 165mm，并分别设置族参数，名称分别为"法兰管 DN"和"法兰管外直径"，然后点击"绿色对号"。
5. 进入"前立面"视图，拖动实体的左侧拖曳点到目标平面后，出现锁的图标提示后，点击该锁变为锁定状态；同样方法，拖动右侧锁定，如图 7-37 所示。

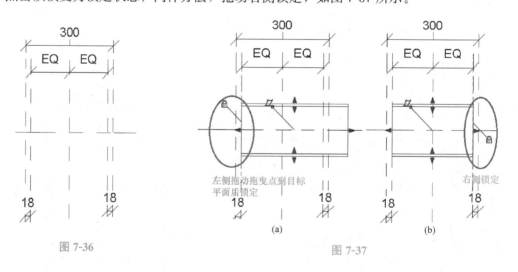

图 7-36

图 7-37

6. 绘制减压孔板

（1）在"左立面"视图中绘制两个同心圆，外直径与 DN 直径相同，内孔的直径为 DN 直径的一半，并将外直径标注后与"法兰管 DN"参数关联，将内孔标注直径后，添加参数"减压孔板内孔直径"，且设置减压孔板厚度为 20mm。

（2）在"前立面"视图中创建两个参照平面，标注后调整，使其两边距中心相等，然后用步骤5的方法对其上锁锁定，结果如图7-34所示。

7. 绘制一个带8个孔的法兰盘，且设置可变参数

（1）同步骤4和步骤5的方法，在左立面视图的原点处绘制两个半径为75mm和142.5mm的同心圆后，拉伸产生法兰盘，厚度18mm，并锁定两个参照平面。

（2）进入"左立面"视图，双击刚才创建的法兰盘实体，进入编辑状态，在距中心原点120mm的右侧，绘制直径22mm的螺孔。

（3）点取此螺孔圆，在"属性"窗口中，对"中心标记可见"打钩。

（4）在此螺孔圆作垂直的参照平面，并标注，然后对此标注添加参数，参数名称为"螺孔中心与管道中心间距"。

（5）执行对齐命令，如图7-38所示次序后关联锁定。

（6）同样，图7-38螺孔的垂直方向上也关联锁定。

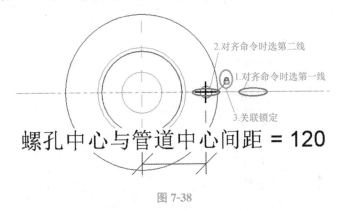

图 7-38

（7）在当前视图下，过原点，作两个相互垂直的参照平面，且均与参照标高平面成45°夹角，标注角度后锁定角度关系。

（8）将图7-38中过螺孔中心垂直的参照平面和螺孔圆一起选中，使用镜像命令和旋转命令（旋转时选中命令状栏中的"复制"选项），产生另外7个螺孔圆。

（9）对每个螺孔的中心线，执行步骤（5）和步骤（6）操作，不能有遗漏，否则后面调整参数时会出错。

（10）将每个螺孔处的参照平面与水平、垂直的参照标高平面及45°参照平面间标注尺寸，并全部关联参数"螺孔中心与管道中心间距"，要求此8个螺孔均要关联。

（11）对每个螺孔标注直径，并添加参数"螺孔直径"，将每个螺孔直径标注与此参数关联。

（12）对法兰盘的内直径和外直径标注，并将内直径与"法兰管DN"参数并联，对外直径添加参数"法兰盘外直径"，然后点击"绿色对号"，完成"编辑拉伸"操作。

（13）进入三维视图状态，然后点击"创建"选项卡→"族类型"命令，在出现的"族类型"对话框中，修改其中的"螺孔中心与管道中心间距""法兰盘外直径""螺孔直径"等参数数据（注意数据间的关系，如果"螺孔中心与管道中心间距"大于"法兰盘外直径"，会提示出现错误的信息），如图7-39所示，点击"应用"按钮后，观察立体中图形是否随之变化，如不变化，则检查前面的操作内容是否有遗漏，直到完全正确为止。

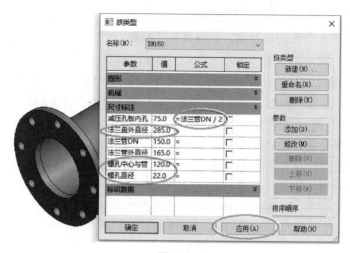

图 7-39

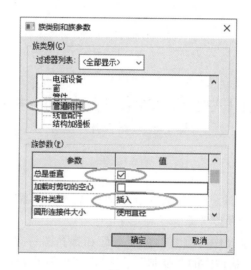

图 7-40

8. 进入前视图，将刚才创建带螺孔的法兰盘向下复制一个（利用基点关系稍微向下移动一点距离），然后使用对齐命令，将其移动到右侧法兰盘位置处的参照平面位置处，再通过拖曳点的方式与参照平面间锁定，再使用对齐命令，将法兰盘中心与参照标高平面对齐。

9. 观察三维图形，再次检查当族类型对话框中的参数修改时，图形的变化情况。

10. 根据表 7-3，创建同族多类型，此处留给学生自己独立完成。

11. 执行"创建"选项卡→"族类别和族参数"命令，在此对话框中，如图 7-40 所示设置。

12. 在三维视图下，执行"创建"选项卡→"管道连接件"命令，选择法兰盘处的面作为连接面，然后选择连接件图元，对其直径进行关联"法兰管 DN"参数，如图 7-41 所示。

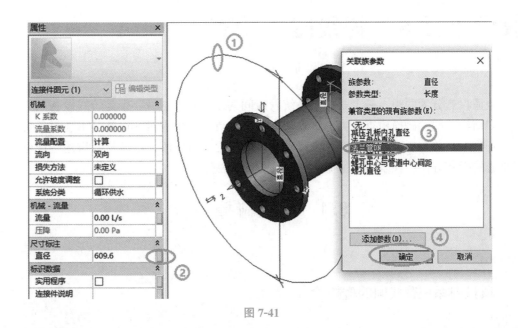

图 7-41

13. 同样的方法，在法兰盘的另一端也创建"管道连接件"图元，并进行设置。其目的是在管道线路中插入该族时，能自适应管径大小。

14. 保存文件，文件名自己定义。

教学单元8　管线碰撞检查

碰撞检查分为两类，一个是同一系统管线间的碰撞检查，另一个是管线设备与其他专业（如结构）间的碰撞检查。当由多人多专业间进行碰撞检查时，通常是由项目负责人进行检查判断，并按规范要求及实际工程项目具体情况进行修改。本教材仅讲述管线碰撞进行检查的操作方法，让学生掌握基本的碰撞检查方法。

8.1　运行碰撞检查

一、项目内系统管线间的碰撞检查

操作举例如下：

图 8-1

1. 打开本节提供的 rvt 素材文件。

2. 执行"协作"选项卡→"碰撞检查"→"运行碰撞检查"命令，如图 8-1 所示。

3. 在弹出的如图 8-2 所示的"碰撞检查"对话框中，选择"管道""管件""管道附件"，然后点击"确定"按钮，会产生如图 8-3 所示的"冲突报告"对话框。

4. 检查"冲突报告"中提供的信息，找到相应的图形位置，如图 8-4 所示。

图 8-2

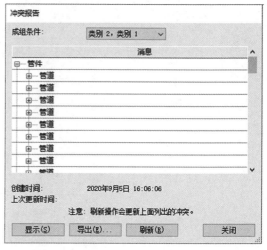

图 8-3

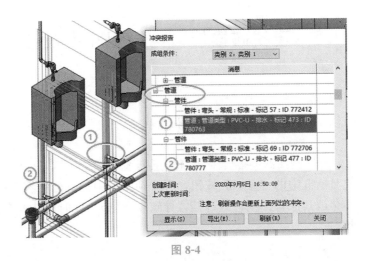

图 8-4

5. 依据提示信息了解实际冲突产生的情况，修改图形，如此处修改给水或排水管道的高程（通常具体修改与变更建议，需要由项目组长或项目负责人决定）。

6. 也可对某一图形中的部分进行冲突检查，如利用 Tab 键，选择整个排水系统，再执行"协作"选项卡→"碰撞检查"→"运行碰撞检查"命令，在出现的"碰撞检查"对话框中，注意此时的检查类别为"当前选择"，点击"确定"按钮，如图 8-5 所示。

图 8-5

二、项目内管线与链接模型间的碰撞检查

继续使用上述提供的素材，碰撞检查的内容如图 8-6 所示，其余与前面的操作过程相同。

图 8-6

8.2　查找碰撞位置与导出冲突报告

一、利用冲突报告对话框中"显示"按钮查找

如图 8-4 所示，打开碰撞冲突报告中碰撞信息列表中的"＋"，展开类别后，选择相应的信息，点击此对话框中的"显示"按钮，可看到图形中冲突的内容高亮显示（注意：一些小的管件可能会被其他管件或管道遮挡，导致看不到），此时可从冲突报告及图形中看到明显的冲突状态。

二、利用冲突报告提供的 ID 号查找

由于 Revit 中的图元都有且仅有唯一的 ID 号，则可在"冲突报告"对话框不关闭的状态下，执行"管理"选项卡→"按 ID 号选择"命令，如图 8-7 所示，执行结果如图 8-8 所示。

图 8-7

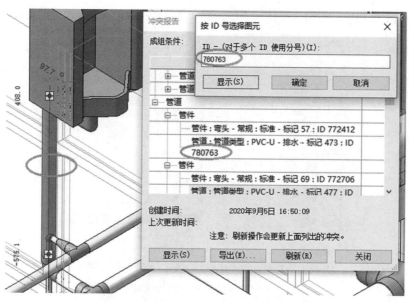

图 8-8

三、利用导出冲突报告查找

执行"冲突报告"对话框中的"导出"按钮，会导出能在 IE 等网络浏览器中打开的 html 格式文件。双击此文件，可打开观看具体的内容，并可利用鼠标右键全选或部分选择，将其复制粘贴到 Word 或 Excel 中。当然，也可另存为 TXT 文本格式，此处留给学生自己操作。

教学单元9 相机与漫游

相机主要用于产生单帧图片，即静态相机视图，而漫游则是通过多帧图片连续播放产生的动画。

一、创建相机视图

操作举例如下：

1. 利用提供的素材 rvt 文件，打开 1F 平面视图。

2. 执行"视图"选项卡→"三维视图"→"相机"命令，在 1F 平面视图中，如图 9-1 所示，先设定相机的放置高度（即偏移量）为 1750mm（1.8m 左右为人眼高度），然后放置平面位置，会立即产生如图 9-2 所示的相机视图，请尝试观察修改此时"属性"窗口中的参数。

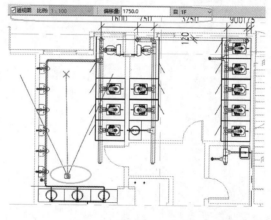

图 9-1

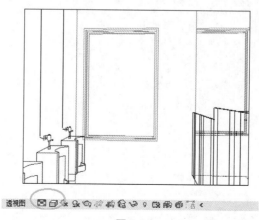

图 9-2

3. 设置如图 9-2 所示的"视图样式"为"真实","详细程度"为"精细"。

4. 点击 Revit 窗口图标，执行"导出"→"图像和动画"→"图像"命令，出现如图 9-3 所示的"导出图像"对话框，文件名可自行定义，导出"PNG"格式图片，如图 9-4 所示。

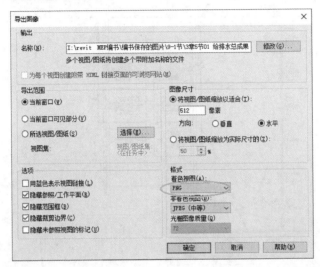

图 9-3

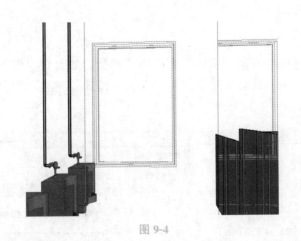

图 9-4

5. 观察此时"项目浏览器"窗口，会发现多出了一个"三维视图"分类，双击其中包含的视图，会发现它就是刚才创建的相机视图。

二、创建漫游动画

操作举例如下：

1. 利用提供的素材 rvt 文件，打开 1F 平面视图。

2. 执行"视图"选项卡→"三维视图"→"漫游"命令，在 1F 平面视图中，如图 9-5 所示，大致放置移动过程中的相机位置，放置完成后点击"完成漫游"命令。

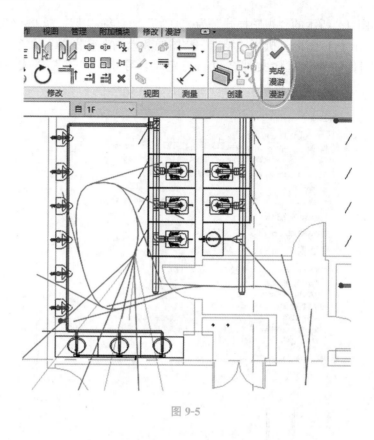

图 9-5

3. 设置此时漫游状态下的"属性"窗口中的参数，如设置"模型显示样式"为"真实"，如图 9-6 所示，输出的动画图形则为"真实"样式；当然，学生可尝试其他参数的设置与修改；

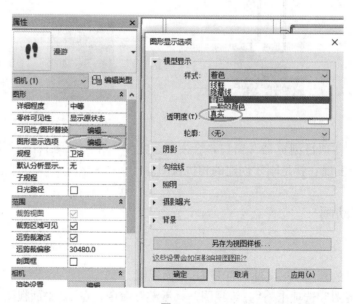

图 9-6

4. 此时"项目浏览器"窗口中，会出现"漫游 1"视图，如图 9-7 所示，打开此视图，设置"详细程度"为"精细"，点击 Revit 窗口图标，执行"导出"→"图像和动画"→"漫游"命令，出现如图 9-8 所示的"长度/格式"对话框，此处不作修改，点击"确定"按钮后，输入保存的 avi 格式文件名，确定保存路径，在后面出现的"视频压缩"对话框中点击"确定"按钮，即可在当前 Revit 视图窗口中看到其缓慢的动画渲染过程。

5. 用视频类播放软件，播放刚才生成的漫游动画文件，观看效果。

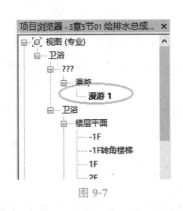

图 9-7

图 9-8

教学单元 10 材料统计与出图

10.1 材料统计

Revit 中的材料统计主要是通过明细表来实现，它们可用于统计管道的长度、管件的数量等，如果经过二次开发，还可统计计算项目造价。此处以提供的 rvt 给水排水模型文件为素材，对统计管道的长度、管件的数量举例。

一、统计管道的长度

操作过程：

1. 打开本节中提供的"给排水总成果.rvt"文件。

2. 执行"视图"选项卡→"明细表"→"明细表/数量"命令，出现如图 10-1 所示的"新建明细表"对话框，在此对话框中，选择"类别"为"管道"，阶段为"新构造"，即新创建明细表，然后点击"确定"按钮。

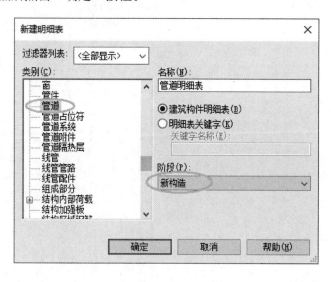

图 10-1

3. 在新出现的"明细表属性"对话框中，选择如图 10-2 所示的字段作为表格的表头字段，并按"上移"或"下移"正确排序。

4. 在"明细表属性"对话框中，选择"排序/成组"选项卡，按如图 10-3 所示设置要产生明细表的信息。

5. 在"明细表属性"对话框中，点击"确定"按钮，产生如图 10-4 所示的明细表。

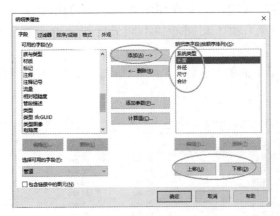

图 10-2

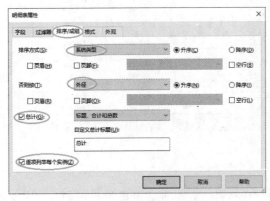

图 10-3

<管道明细表>

A	B	C	D	E
系统类型	长度	外径	尺寸	合计
1-5层给水系统	1327	25 mm	20 mm	1
1-5层给水系统	852	25 mm	20 mm	1
1-5层给水系统	40	25 mm	20 mm	1
1-5层给水系统	2385	25 mm	20 mm	1
1-5层给水系统	40	25 mm	20 mm	1

······

图 10-4

6. 图 10-4 的明细表中，出现了不同管径的长度，可根据此表格中的数据，按一定的损耗比例购买材料。

7. 观察此时的"属性"窗口，注意其下面的几个参数选项中的"编辑"按钮，点击"属性"窗口任一"编辑"按钮，可再次出现"明细表属性"对话框，对此时的明细表进行编辑。

8. 按如图 10-3 所示的"明细表属性"对话框，去除"逐项列举每个实例"前的勾选符号，再点击"确定"按钮，会出现如图 10-5 所示的明细表，此表中的合计为"个数"统计，不是长度数据，由于相同外径不同长度的管道个数合并，此时的长度数据消失。

9. 图 10-5 中表格最下面的"合计：746"，是表格中各个"合计"数量之和。

<管道明细表>

A	B	C	D	E
系统类型	长度	外径	尺寸	合计
1-5层给水系统		25 mm	20 mm	153
1-5层给水系统		40 mm	32 mm	12
1-5层给水系统		50 mm	40 mm	48
1-5层给水系统		63 mm	50 mm	28
6-8层给水系统		25 mm	20 mm	75
6-8层给水系统		50 mm	40 mm	24
6-8层给水系统		63 mm	50 mm	16
WL1-排污系统		40 mm	32 mm	12
WL1-排污系统		63 mm	50 mm	29
WL1-排污系统		110 mm	100 mm	8
WL1-排污系统		160 mm	150 mm	7
WL2-排污系统		40 mm	32 mm	17
WL2-排污系统		63 mm	50 mm	91
WL2-排污系统		110 mm	100 mm	34
WL2-排污系统		160 mm	150 mm	50
WL3-排污系统		40 mm	32 mm	2
WL3-排污系统		50 mm	40 mm	2
WL3-排污系统		63 mm	50 mm	18
WL3-排污系统		110 mm	100 mm	52
WL3-排污系统		160 mm	150 mm	68
总计：746				

图 10-5

10. 如安装 SQL 数据库软件，可将此表的数据导出到数据库文件中，再将它们转化为 Excel 文件，此处不作讲述。

11. 保存项目文件。

二、统计管件的数量

按照上面举例的方法，请学生完成图 10-6 所示的"管件明细表"。

<管件明细表>

A	B	C
族与类型	尺寸	合计
10-S 型存水弯 - PVC-U - 排水:标准	32 mm-32 mm	4
T形三通 - 常规:标准		125
同心变径管 - PVC-U - 排水:标准		64
弯头 - PVC-U - 排水:标准		117
弯头 - 常规:标准		175
管帽 - 常规:标准	50 mm	1
管接头 - 常规:标准	150 mm-150 mm	1
过渡件 - 常规:标准		132
顺水三通 - PVC-U - 排水:标准		81
总计：700		700

图 10-6

10.2 图纸生成与输出

一、自定义图纸标题栏

1. 新建"族",选择如图 10-7 所示的文件夹路径,选择其中的"A3 公制 . rft"。

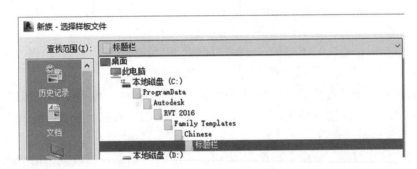

图 10-7

2. 打开的图形是一个"420×297"的矩形,在里面按图纸的要求,绘制另一个矩形,其尺寸为"390×287",且距左边线 25mm,距其他线 5mm。

3. 绘制标题栏,使用"创建"选项卡→"直线",按如图 10-8 所示的尺寸绘制。

4. 编辑文字,分别创建 3.5mm 和 5mm 两种类型文字,文字大小可调整为 2.5mm 和 4mm,放置文字时要注意位置适中且对齐。

5. 使用其他软件输入文字"未来工程师设计院",此处使用的是"画图"软件创建的一个 png 格式的图像,然后使用"插入"选项卡→"图像"命令插入,再使用图像的"拖曳"点调整到适当大小及位置。

未来工程师设计院					
图名			建设单位		
			工程名称		
设计		项目编号		设计号	
校对		项目负责人		图别	
审核		专　业		图号	
审定		专业负责人		日期	

图 10-8

6. 保存自己创建的图纸族,命名为"A3-自定义标题栏 . rfa"。

二、图纸的生成与输出

1. 打开提供的 rvt 素材文件。

2. 执行"视图"选项卡→"图纸"命令，在打开的"新建图纸"对话框中，加载入自己创建的图纸族"A3-自定义标题栏.rfa"，然后再选择，此时会新出现一个"未命名"的图纸视图。

3. 在"项目浏览器"窗口中，用鼠标拖动"楼层平面"下的"1F"到创建的"未命名"的图纸视图中间适当位置，此时会发现其超出了图纸的边界，返回到 1F 平面，修改其比例为 1∶300，重新拖动到图纸中并放置到适当的位置。

4. 在图纸空白处点击一下鼠标，此时"属性"窗口显示为"图纸"，修改此处的"图纸编号"为"01"，修改"图纸名称"为"一层排水平面图"。

5. 用鼠标点取拖动过来的一层平面图内容，此时"属性"窗口变为"视口"，将此处"属性"窗口的"剪裁视图"的选项打钩，此时最上面的"修改｜视口"选项卡中自动添中了一个"尺寸剪裁"命令。

6. 执行"尺寸剪裁"命令，出现如图 10-9 所示的对话框，修改其中的参数如图 10-9 所示。

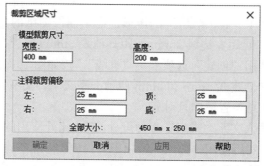

图 10-9

7. 点中图纸中一层排水平面图的内容，修改图名中的线的长短，并将其移动到适当位置，修改"属性"窗口中的"图纸上的标题"参数为"一层排水平面图"，结果如图 10-10 所示。

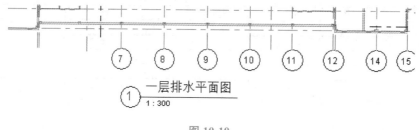

图 10-10

8. 执行"文件"→"打印"→"打印设置"，根据要打印的图纸大小，设置相应的数据，如图 10-11 所示，设置后，通过"打印预览"观看要出图的效果，符合要求后执行"打印"。

9. 当然，还可在同一图纸中使用多个不同比例的图形，此处留给学生自主探究。

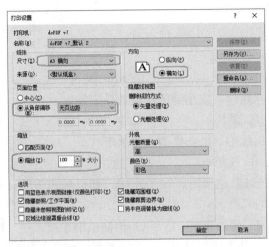

图 10-11

理论练习题

一、单选题

1. Revit 是（　　）公司的产品。

   A. 苹果　　　　　B. 华为　　　　　C. AutoDesk　　　　　D. 微软

2. 在 Revit 中机电建模时，应用到的建模选项卡是（　　）。

   A. 建筑　　　　　B. 结构　　　　　C. 钢　　　　　　　　D. 系统

3. 在 Revit 的对象组成中，机电模型通常属于（　　）。

   A. 基准类　　　　B. 视图类　　　　C. 独立模型类　　　　D. 主体模型类

4. 在 Revit 的 MEP 对象建模时，在工作中，如以独占方式，则建模会有先后次序，则应优先建模的是（　　）。

   A. 给水排水系统　B. 暖通系统　　　C. 消防喷淋系统　　　D. 电气系统

5. 下列对象中，属于基准类的是（　　）。

   A. 参照平面　　　B. 墙体　　　　　C. 详图　　　　　　　D. 尺寸标注

6. 下列四种 Revit 原生文件格式中，仅可用于链接文件的格式是（　　）。

   A. RFA　　　　　B. RVT　　　　　C. RFT　　　　　　　D. RTE

7. 当 Revit 协作共享时文件存在链接关系时，主体文件发生修改后，获得共享信息方是通过 Revit 中的（　　）功能传递获知变更信息的。

   A. 绑定链接　　　B. 复制/监视　　 C. 修改链接　　　　　D. 管理链接

8. 通常在导入链接文件时，采用的是（　　）定位方式。

   A. 手动—原点　　　　　　　　　　 B. 手动—中心

   C. 自动—中心到中心　　　　　　　 D. 自动—原点到原点

9. 在 Revit 某专业项目中导入其他专业建模的文件形成链接模型文件后，在此项目中，称此链接模型文件为（　　）。

   A. 主体文件　　　B. 链接文件　　　C. 协作文件　　　　　D. 图元文件

10. Revit 图元选中时显示的符号中，（　　）是监视符号。

    A. 　　　B. 　　　C. 　　　D.

11. 在新建项目中链接模型文件后，对链接模型文件中的标高与当前新建项目中的标高的操作，正确的是（　　）。

    A. 先删除当前项目中的标高，两个标高逐个点击删除

    B. 先删除当前项目中的标高，两个标高必须一起选中后删除

    C. 依据链接模型文件中的标高，会自动形成在楼层平面

    D. 依据链接模型文件中的标高，通过复制监视功能会自动加载入当前项目中，并自动生成相应的楼层平面

12. 在机电模型中的某一视图下，如发现管道变成一条线条，而非三维实体，调整方法是（　　）。

A. 修改视图样式　　　　　　　　B. 修改视图的详细程度

C. 修改管道大小　　　　　　　　D. 点击显示的线形粗细变换图标按钮

13. 在绘制或修改某段管道时，发现其被其他图元遮挡而无法进行操作，此时需要临时隐藏图元，则（　　）。

A. 选中图元，点击"隐藏图元"　　　B. 选中图元，点击"隐藏类别"

C. 选中图元，点击"隔离图元"　　　D. 选中图元，点击"隔离类别"

14. 在绘制或修改某一系统的管道时，发现整个系统大部分被其他图元遮挡而无法进行操作，此时（　　）。

A. 点击遮挡位置的图元，再执行临时"隐藏图元"

B. 点击遮挡位置的图元，再执行临时"隐藏类别"

C. 点击遮挡位置的图元，再执行临时"隔离图元"

D. 点击遮挡位置的图元，再执行临时"隔离类别"

15. 对于一级建筑物而言，通常使用的给水管道材质为（　　）。

A. 塑料　　　　　B. 镀锌钢管　　　　　C. 金属与塑料复合管　　　　　D. 球墨铸铁

16. 如果看不到在某一楼层中绘制的管道，要调整在当前视图下看到该管道的方法是（　　）。

A. 调整视图范围

B. 先调整属性中视图样板为"无"，再调整视图范围

C. 进入三维下观看

D. 属性窗口中调整"可见性/图形替换"

17. 通常绘制垂直管道时，如从 100mm 高程管道处绘制到 3500mm 高程，不正确的绘制方法是（　　）。

A. 使用继承高程下，选中 100mm 处管道，然后在当前输入的状态栏中输入"3500"后按回车键，再点击"应用"按钮

B. 使用继承高程下，选中 100mm 处管道，然后在当前输入的状态栏中输入"3500"后按回车键

C. 使用继承高程下，选中 100mm 处管道，然后在当前输入的状态栏中输入"1500"后按回车键，再点击"应用"按钮，再进入三维下，选中刚才绘制的管道，修改"1600"的数据为"3500"

D. 剖面视图下，从 100mm 管道处直接绘制长度为"3400"的管道

18. 通常常温水管不宜与热力水管同沟敷设；当需要同沟或同架敷设时，常温水管应敷设在热力水管的（　　）。

A. 上方　　　　　　　　　　　　B. 下方

C. 两侧都可　　　　　　　　　　D. 本身就不可以，所以不能一起敷设

19. 关于消防管穿越楼板时，做法正确的是（　　）。

A. 穿越部位应作为建筑物结构相对薄弱位置，并做好防渗漏措施

B. 穿越部位应作为固定支承点，并做好防渗漏措施

C. 穿越部位应作为固定支承点，不需要做防渗漏措施

D. 穿越部位应作为建筑物结构相对薄弱位置，不需要做防渗漏措施

20. 关于消火栓与消防立管间的连接，正确说法的是（　　）。

A. 立管与消火栓的进水口间水管可斜着穿墙连接

B. 立管与消火栓的进水口间水管必须垂直于墙面直接连接

C. 连接消火栓的进水口管必须先垂直后，再水平且垂直于墙面引出墙体后，再与消防立管连接

D. 只要能够连接即可

21. 对于室内水平喷淋管道，要求安装标高不得低于（　　）m。

A. 2　　　　　　　　B. 2.2　　　　　　　　C. 2.5　　　　　　　　D. 3

22. 喷淋按照喷水灭火曲线看，最佳效果是在距地（　　）之间的范围。

A. 2.5m 以上　　　　　　　　　　B. 至少 2.2m，越高效果越好

C. 3~4m　　　　　　　　　　　　D. 2.5~3m

23. 对图 1 中喷淋管道间的变径位置，说法正确的是（　　）。

图 1

A. 在两个管道直径数据的圆圈位置处

B. 以圆圈为界，都在小数据一侧

C. 以圆圈为界，都在大数据一侧

D. 变径位置不在圆圈处，其他位置可以任意

24. 阅读图 2，下列说法正确的是（　　）。

图 2

（图中加粗圆圈为"红色"，细线圆圈为"黑色"）

A. 红色圆圈多余，是绘制错误

B. 红色圆圈表示喷淋管道垂直上下，喷淋管道跨越风管

C. 红色圆圈表示喷淋管道垂直上下，风管跨越喷淋管道

D. 红色圆圈表示喷淋系统中的喷淋头

25. 阅读图 2，三个黑色的圆圈中，有一个有蓝色的线穿过，关于这种黑色的圆，说法正确的是（　　）。

A. 三个圆表达的内容相同，都是同一种喷淋头

B. 三个圆表达的内容不相同，空心的表示下喷淋头，有线穿过的表示上喷淋头

C. 三个圆表达的内容不相同，空心的表示上喷淋头，有线穿过的表示下喷淋头

D. 没有一个正确

26. 如把某一视图的详细程度设置成"精细"，风管的详细程度通过"可见性/图形替换"对话框设成"粗略"，那么风管在该视图下将以（　　）程度显示。

　　A. 粗略　　　　　　B. 中等　　　　　　C. 精细　　　　　　D. 以上都不对

27. 对于风管系统的创建及管理，下列说法错误的是（　　）。

　　A. 底部高程是指风管底面与参照标高平面之间的距离

　　B. 顶部高程是指风管顶面与参照标高平面之间的距离

　　C. 当限制条件中的垂直对正为"底"时，偏移量是指风管中心线与参照标高平面之间的距离

　　D. 如果系统中没有所需的风管尺寸，可以创建、添加自定义的风管尺寸

28. 关于风管绘制中形状的说法中，下列正确的是（　　）。

　　A. 风管命令能绘制矩形刚性风管，软风管能绘制圆形和椭圆形软风管

　　B. 风管命令能绘制矩形和圆形刚性风管，软风管能绘制圆形和椭圆形软风管

　　C. 风管命令能绘制矩形、圆形和椭圆形刚性风管，软风管能绘制圆形和椭圆形软风管

　　D. 风管命令能绘制矩形、圆形和椭圆形刚性风管，软风管能绘制圆形和矩形软风管

29. 绘制管道/风管/桥架时，打开"对正设置"对话框，可以修改管线的对正和偏移方式为（　　）。

　　A. 水平对正　　　B. 水平偏移　　　C. 垂直对正　　　D. 以上全有

30. 在 Revit 中单击"风管"命令，在该风管属性中将系统类型设置为回风，单击机械设备的送风端口创建风管，创建的风管的系统类型为（　　）。

　　A. 回风　　　　　　B. 送风　　　　　　C. 回风、送风　　　D. 送风、回风

31. 创建一个 400mm 宽度的矩形风管，分别添加 30mm 的隔热层和内衬，那么在平面图中测量该风管最外侧宽度为（　　）。

　　A. 520mm　　　　　B. 460mm　　　　　C. 430mm　　　　　D. 400mm

32. 照明灯具模型创建步骤是（　　）。

　　A. 单击"系统"命令栏→"电气"选项卡→"照明设备"命令进行灯具布置

　　B. 单击"系统"命令栏→"机械"选项卡→"照明设备"命令进行灯具布置

　　C. 单击"系统"命令栏→"电气"选项卡→"机电工具"命令进行灯具布置

　　D. 单击"系统"命令栏→"电气"选项卡→"电缆桥架"命令进行灯具布置

33. 配电箱、盘、柜的安装位置应正确，且不得安装在（　　）正下方。

　　A. 水管　　　　　　B. 梁　　　　　　　C. 风管　　　　　　D. 楼层平台

34. 绘制电缆桥架时，"对正选择"中"垂直对正"选择（　　）对正，这样在变径时对于电缆或电线施工较为容易。

　　A. 顶部　　　　　　B. 中部　　　　　　C. 底部　　　　　　D. 以上都不对

35. 在电气设备族中设置电气连接件系统分类，不可以选择的类型是（　　）。

　　A. 照明　　　　　　B. 火警　　　　　　C. 安全　　　　　　D. 电话

36. 电气设备由（　　）和变压器组成。

A. 配电箱　　　　　B. 电气桥架　　　　　C. 线管　　　　　　　D. 线管附件

37. 电气设备放置后，下面关于线路与配电系统的设置，正确的是（　　）。

A. 必须先为设备指定配电系统，然后才能指定线路

B. 必须先为设备指定线路，然后才能指定配电系统

C. 设备的线路与配电系统设置先后没有特定的要求

D. 设备的连接线路无特定要求，但配电系统设置有特定要求

38. 以下构件为系统族的是（　　）。

A. 风管　　　　　　B. 风管附件　　　　　C. 风管末端　　　　　D. 机械设备

39. 卫浴等设备都是 Revit 的"族"，关于"族"类型，以下分类正确的是（　　）。

A. 系统族、内建族、可载入族　　　　B. 内建族、外部族

C. 内建族、可载入族　　　　　　　　D. 系统族、外部族

40. "实心拉伸"命令的用法，正确的是（　　）。

A. 轮廓可沿弧线路径拉伸　　　　　　B. 轮廓可沿单段直线路径拉伸

C. 轮廓可以是不封闭的线段　　　　　D. 轮廓按给定的深度值作拉伸，不能选择路径

41. 下列选项中，（　　）不是族类型。

A. 系统族　　　　　B. 可载入族　　　　　C. 内建族　　　　　　D. 外部族

42. 族创建中，需要通过绕轴放样二维形状方法属于（　　）。

A. 拉伸　　　　　　B. 放样　　　　　　　C. 旋转　　　　　　　D. 融合

43. 在建立族的实体形状后，如要设置与外界管道之间的连接，则应该在相应位置处执行（　　）操作。

A. 选择要连接点处该置的点形状后，执行"创建"→"管道连接件"

B. 选择要连接点处该置的线形状后，执行"创建"→"管道连接件"

C. 选择要连接点处该置的面形状后，执行"创建"→"管道连接件"

D. 选择要连接点处任意形状后，执行"创建"→"管道连接件"

44. 当想让新创建的族中某参数插入到项目后，在选中此族对象时，属性中能看到设置的参数，下列操作正确的是（　　）。

A. 在"族类型"对话框中执行"添加"参数，然后在出现的"参数属性"对话框中，设置其为"族参数"和"类型"

B. 在"族类型"对话框中执行"添加"参数，然后在出现的"参数属性"对话框中，设置其为"族参数"和"实例"

C. 在"族类型"对话框中执行"添加"参数，然后在出现的"参数属性"对话框中，设置其为"共享参数"和"实例"

D. 在"族类型"对话框中执行"添加"参数，然后在出现的"参数属性"对话框中，设置其为"共享参数"和"类型"

45. 想在创建的族中，对某部分图形设置某种情形下显示，另一情形下不显示，在"族类型"对话框中执行"添加"后，在出现的"参数属性"对话框中进行后续（　　）操作，再到绘图区中选择相应的图形后，在其"属性"窗口的"可见"右侧执行"关联族参数"。

A. 输入"参数名称"→选择"参数类型"为"图像"→选择"参数分组方式为可见性"

B. 输入"参数名称"→选择"参数类型"为"图像"→选择"参数分组方式为图形"

C. 输入"参数名称"→选择"参数类型"为"是/否"→选择"参数分组方式为可见性"

D. 输入"参数名称"→选择"参数类型"为"是/否"→选择"参数分组方式为图形"

46. 关于在"族类型"对话框中设置同族多类型的操作,下列说法正确的是（　　）。

A. 创建同族多类型的某一类型名称后,该名称不可以删除,但可以修改

B. 通过修改不同的族参数实现创建同族多类型

C. 创建同族多类型时,可通过公式实现不同参数间的关联,但必须对此参数设置"锁定"

D. 某一类型的族参数值具有唯一性,因此要对此类型的所有参数设置"锁定"

参考答案:

1	2	3	4	5	6	7	8	9	10
C	D	C	B	A	B	B	D	A	D
11	12	13	14	15	16	17	18	19	20
B	B	A	B	B	B	B	B	B	C
21	22	23	24	25	26	27	28	29	30
B	D	B	B	B	A	C	D	D	B
31	32	33	34	35	36	37	38	39	40
B	A	A	C	A	A	B	A	A	D
41	42	43	44	45	46				
D	C	C	B	D	B				

二、多选题

1. Revit 软件的优势有（　　）。

A. 系统整体性与绘制智能性的设计理念　　　B. 后台图形数据库自动生成

C. 参数化变更管理　　　　　　　　　　　　D. 协作设计理念

E. 排他性操作

2. Revit 对象中，属于基准类的有（　　）。

A. 墙体　　　B. 楼梯　　　C. 参照平面　　　D. 轴网　　　E. 尺寸标注

3. Revit 的对象中，属于主体对象的有（　　）。

A. 轴网　　　B. 楼板　　　C. 楼梯　　　　D. 墙体　　　E. 天花板

4. 下列（　　）属于 Revit 机电（MEP）学习的内容。

A. 结构　　　B. 水暖　　　C. 机械　　　　D. 电气　　　E. 建筑

5. 关于 Revit 链接模型的概念与操作中，下列说法正确的有（　　）。

A. 链接模型是不同工作组或专业间的链接其他专业创建的模型数据文件，从而实现共享设计信息的协作设计方式

B. 模型链接中，链接文件通常不允许被获得共享者直接编辑修改

C. 链接模式下，一个工程项目只能同时出现一个主体文件，但链接文件可以有多个

D. 协作共享模式下的链接文件可以在多个专业文件之间相互链接

E. 主体文件编辑修改后，会通过 Revit 的"复制/监视"功能通知链接文件获得方相关的变更信息

6. Revit 中链接模型的文件格式有（　　）格式。

A. DWG　　　B. RVE　　　C. RVT　　　　D. DXF　　　E. DWF

7. 在 Revit 链接模型下，当链接模型被锁定时，可以对此链接文件执行的操作有（　　）。

A. 移动　　　B. 复制　　　C. 删除　　　　D. 旋转　　　E. 镜像

8. 在 Revit 中参照文件支持两种不同参照方式，即附着型和覆盖型，关于附着型和覆盖型的说法，下列正确的有（　　）。

A. 当导入文件包含着其他链接时，附着型易形成链接嵌套

B. 文件包含着其他链接时，覆盖型不会形成链接嵌套

C. 附着型与覆盖型的设定，是通过"管理链接"对话框设置的

D. Revit 在链接文件时，参照类型默认设置为"附着型"

E. Revit 管理链接文件时，可同时设定其为"附着型"和"覆盖型"

9. 通常绘制的建筑物给水系统是（　　）。

A. 有压管道　　　　　　　　　　B. 无压管道

C. 真空管道　　　　　　　　　　D. 常温管道

E. 超高压管道

10. 室内给水管道的材质通常是（　　）。

A. 金属材质　　　　　　　　　　B. 塑料材质

C. 复合材质　　　　　　　　　　D. 水泥材质

E. 玻璃钢材质

11. 当 Revit 软件中提供的管道直径没有所需要的直径时，可通过（　　）添加入相应的直径等数据。

A. 管理选项卡→MEP 设置→机械设置

B. 管理选项卡→MEP 设置→电气设置

C. 管理选项卡→其他设置→详细程度

D. 点击图中任一管道→属性→编辑类型→布管系统配置→编辑

E. 项目浏览器窗口→族→管道类型→相应管道类型上按鼠标右键→类型属性→布管系统配置→编辑

12. 给水支管和排水支管的绘制方法中，正确的有（　　）。

A. 给水支管从主干管开始绘制，也可从末端向主干管绘制

B. 排水支管正确产生排水的方法是从主干管开始绘制，不可从末端向主干管绘制

C. 给水支管只可以从主干管开始绘制，不可从末端向主干管绘制

D. 排水支管只能从主干管开始绘制，不可从末端向主干管绘制

E. 排水支管正确产生排水坡度的方法是只能从末端开始绘制，不可从主干管向末端绘制

13. 关于消防管的布置，下列说法正确的有（　　）。

A. 消防管宜在室内穿廊、吊顶、管井内暗设或嵌墙敷设

B. 高层建筑混凝土剪力墙部位、商品住宅毛坯房宜明设

C. 消防管不得浇筑在钢筋混凝土墙、板、柱、梁内

D. 嵌墙敷设消防管管径不宜大于 25mm

E. 消防立管应布置在楼梯间内

14. 关于喷淋系统中的两个喷头之间的距离要求为（　　）。

A. 一般情况下，不大于 3.6m

B. 如果 4 个喷头平面按矩形布置时，两个喷头之间最大距离不超过 4.2m

C. 在有遮挡的情况下，可以多设置喷淋头进行有效补充，但也要不小于 2.4m

D. 一般情况下，不小于 2.4m

E. 在有遮挡的情况下，可以多设置喷淋头进行有效补充，此时不受距离限制

15. 如图 3 所示，为实现水平喷淋支管与干管间的连接，对图 4 操作正确的有（　　）。

A. 执行 ，先点主干管，再点支管

B. 执行 ，先点支管，再点主干管

C. 执行 ，先点主干管，再点两个支管

D. 在如图 4 所示状态下，逐一拖曳支管连接到主干管

E. 两次执行 ，先点主干管，再点支管

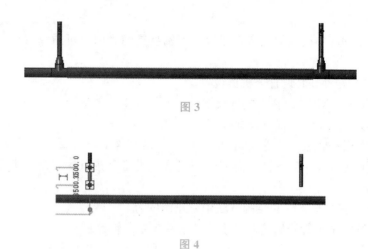

图 3

图 4

16. 关于图 5 的内容，叙述正确的有（   ）。

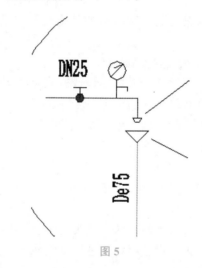

图 5

A. DN 通常表示给水管道，De 通常表示排水管道

B. DN25 下方的装置表示电磁阀

C. DN25 右边的圆圈图标表示水流指示器

D. 最右上角的引出标注的内容应为：试水接头

E. 最右侧的三角形表示：排水漏斗

17. 下列关于 Revit 风管系统分类的选项中，正确的是（   ）。

A. 送风　　　　B. 回风　　　　C. 新风　　　　D. 排风　　　　E. 分流

18. 下列管件类型可以在绘制风管时自动添加到风管中的有（   ）。

A. T 型三通　　B. 支吊架　　　C. 弯头　　　　D. 接头　　　　E. 以上都是

19. 对已经绘制好的风管在属性选项板中进行类型修改的操作，可能会发生的变化有（   ）。

A. 弯头形状变化　　　　　　　B. 三通形状变化　　　　　　　C. 四通形状变化

D. 首选连接类型的变化　　E. 保温厚度变化

20. 在 Revit 创建椭圆形风管时，风管选项栏可以设置的参数有（　　　）。

A. 标高　　　B. 偏移　　　C. 直径　　　D. 宽度　　　E. 高度

21. 在修改、放置电缆桥架时，可对电缆桥架的（　　　）进行设置。

A. 宽度　　　B. 高度　　　C. 厚度　　　D. 偏移量　　E. 以上都是

22. 在系统浏览器列设置中，以下可以在电气列中勾选显示的是（　　　）。

A. 系统类型　B. 尺寸　　　C. 配电系统　　D. 长度　　　E. 系统名称

23. 下列电气设备中，必须基于主体的有（　　　）。

A. 配电箱　　B. 配电柜　　C. 开关面板　　D. 壁灯　　　E. 变压器

24. 下列在链接 CAD 文件到 Revit 专业绘图环境中时，在"链接 CAD 格式"对话框中，下列各个设置选项默认值正确的有（　　　）。

A. "定位"默认值为"自动-原点到原点"　　B. "颜色"默认值为"保留"

C. "导入单位"默认值为"毫米"　　　　　D. "图层/标高"默认值为"全部"

E. "仅当前视图"默认为勾选

25. 要创建基于某墙面的照明设备族，下列操作方法中能实现的有（　　　）。

A. 创建族时，选择"基于墙的公制照明设备"族样板文件

B. 创建族时，选择"基于面的公制照明设备"族样板文件

C. 创建族时，选择"基于面的公制常规模型"族样板文件，制作结束时，设置其族类别为"照明设备"

D. 创建族时，选择"公制常规模型"族样板文件，制作结束时，设置其族类别为"照明设备"

E. 创建族时，选择"公制照明设备"族样板文件，制作结束时，设置其族参数为"插入"方式

参考答案：

1	2	3	4	5	6	7	8	9	10
ABCD	CD	BDE	BCD	ABDE	ACDE	BCE	ABC	AD	ABC
11	12	13	14	15	16	17	18	19	20
ADE	AE	ABCD	ABDE	CDE	ACDE	ABD	ACD	ABCD	BDE
21	22	23	24	25					
ABD	ACD	ACD	ABD	AC					

操作类学习建议

(1) 第一次，先跟随课本做法按部分整体做一次。

(2) 第二次，自己尝试再做一次，当不会时可适当看书。

(3) 第三次，只看图形要求，尝试脱离书本，形成自己绘制的思路与想法。

参考文献

［1］ 王华康，潘飞. Revit 2019 建筑建模入门实训教程［M］. 南京：东南大学出版社，2020.

［2］ 李军，潘俊武. BIM 建模与深化设计［M］. 北京：中国建筑工业出版社，2019.

［3］ 王婷. 全国 BIM 技能培训教程：Revit 初级［M］. 北京：中国电力出版社，2015.

［4］ 中国建筑科学研究院. 建筑信息模型应用统一标准：GB/T 51212—2016［S］. 北京：中国建筑工业出版社，2016.

［5］ 中国建筑标准设计研究院有限公司. 建筑工程设计信息模型制图标准：JGJ/T 448—2018［S］. 北京：中国建筑工业出版社，2018.